绿电绿证
交易手册

北京电力交易中心◎编著

中国电力出版社

CHINA ELECTRIC POWER PRESS

图书在版编目（CIP）数据

绿电绿证交易手册 / 北京电力交易中心编著.

北京：中国电力出版社, 2025. 8. -- ISBN 978-7-5239-0258-5

Ⅰ. F426.61-62

中国国家版本馆 CIP 数据核字第 2025VT6613 号

出版发行：中国电力出版社

地　　址：北京市东城区北京站西街 19 号（邮政编码 100005）

网　　址：http://www.cepp.sgcc.com.cn

责任编辑：石　雪　高　畅　孙世通

责任校对：黄　蓓　王海南

装帧设计：赵丽媛

责任印制：钱兴根

印　　刷：北京九天鸿程印刷有限责任公司

版　　次：2025 年 8 月第一版

印　　次：2025 年 8 月北京第一次印刷

开　　本：787 毫米×1092 毫米　16 开本

印　　张：14.75

字　　数：233 千字

定　　价：86.00 元

编 委 会

主　任　谢开　常青
副主任　曹瑛辉　庞博　李竹　缪静　李增彬
委　员　张显　张圣楠　刘硕　徐亮　汤洪海　周琳
　　　　谢文　王琪　何显祥　李国栋　刘永辉　代红才

编 写 组

组　长　张显
副组长　王彩霞　张楠　王一哲
成　员　纪鹏　马子明　吴思　梁赫霄　张硕　于松泰
　　　　常新　刘俊　孙鸿雁　王清波　金一丁　时智勇
　　　　吕巧珍　齐宇蓉　石竹玉　邢通　李达　王栋
　　　　王海宁　顾宇桂　高春成　张亚丽　嵇士杰　刘杰
　　　　薛颖　冯景丽　李道强　朱皇儒　李鑫　耿建
　　　　孙国文　张俏影　解力也　李强　张辰达　陈新玲
　　　　李雪松　史昕　李培军　孙田　冯恒　司良奇
　　　　秦亚斌　陈传彬　赵静　畅雅迪　吴一叶　周明
　　　　武昭原　郭俊宏　周鹏　李晓刚　吴敏　赵选宗
　　　　王海超　张寓涵　王帆　张天策　庄晓丹　董晓亮
　　　　宋金伟　王国阳　黄文渊　叶青　叶小宁

序　言

当前，全球气候变化形势日益严峻，携手应对气候变化成为国际社会共识，发展可再生能源已经成为应对气候变化、实现碳中和目标的重要战略。在我国积极发展可再生能源、推动能源清洁低碳转型的背景下，开展绿电绿证交易，以市场化方式为绿色电力的环境价值定价，对于促进可再生能源开发利用、引导全社会绿色消费以及实现"双碳"目标具有重大意义。

本书系统梳理了绿电绿证交易的概念内涵和运营机制、市场规则、平台操作以及应用场景，为读者呈现了一幅全面而深入的绿电绿证交易全景图。本书不仅填补了国内绿电绿证交易系统性研究的空白，更为推动我国绿电市场健康发展提供了理论支撑和实践指南。特别值得肯定的是，本书对中国绿电绿证交易实践的总结与分析具有重要的现实意义。绿电绿证交易机制的建立与完善，是实现"双碳"目标的重要支撑。一方面，它通过市场化手段为可再生能源发展提供了经济激励，促进了能源供给侧绿色低碳转型；另一方面，它为企业和个人参与减排行动提供了灵活途径，推动了能源消费侧绿色低碳转型。在国际层面，绿电绿证交易还承载着促进全球气候治理合作的重要功能。随着欧盟碳边境调节机制、新电池法案等政策的实施，绿电绿证的国际应用将日益重要。作为全球最大的可再生能源生产国和消费国，中国在绿电绿证交易领域的探索既借鉴了国际经验，又结合了本国国情，形成了独具特色的发展路径，为助力全球能源生产消费绿色低碳转型贡献"中国方案"。

作为长期从事电力市场研究的科研工作者，我欣喜地看到本书的出版。本书可为企业机构参与绿电绿证交易实践、为科研工作者深化绿色环境价值交易理论研究等提供宝贵的参考，希望本书能够激发更多实务工作者和学者共同推动绿电绿证交易实践与理论的创新发展，为加快构建清洁低碳、安全高效的能源体系贡献力量。

最后，衷心祝贺本书的出版，并期待作者在这一领域继续深耕，产出更多高质量的研究成果，为我国乃至全球的绿色低碳发展提供智力支持。

王锡凡

2025 年 8 月

前　言

　　党的第二十次全国代表大会报告强调，要加快发展方式绿色转型，倡导绿色消费，推动形成绿色低碳的生产方式和生活方式。《中共中央关于进一步全面深化改革　推进中国式现代化的决定》提出要健全绿色消费激励机制，促进绿色低碳循环发展经济体系建设。党中央决策部署彰显了我国走绿色低碳发展道路的决心和信心，同时也为我国能源清洁低碳转型指明了方向，注入了强大动力。积极推动绿电绿证交易市场建设，能够推动建立有利于可再生能源生产消费的市场体系，引导和培育全社会绿色消费意识，促进能源消费绿色低碳转型，对我国新能源发展、绿色生产生活方式构建以及"双碳"目标实现都具有重要意义。

　　近年来，在国家的大力推动下，我国绿电绿证交易市场建设取得了显著成效，绿电绿证交易得到了社会各方面的广泛认同和积极响应。自2021年我国绿电交易试点启动以及2022年电力交易机构开展绿证交易以来，绿电绿证交易规模迅速扩大，开启了我国绿色电力消费新模式，有效满足了企业绿色转型的迫切需要，绿色环境价值是风电、光伏等绿色电力价值重要组成部分的观点，已成为社会共识，有力促进了全社会绿色消费意识提升。随着"双碳"目标深入推进，绿电绿证市场将迎来蓬勃生机，更多用户会把绿电绿证交易作为消费可再生能源的重要途径，绿电绿证交易将为引导全社会提高绿色消费意识，推动发展方式绿色低碳转型发挥更加重要的作用。

　　为方便各市场主体全面了解绿电绿证交易政策及市场建设情况，熟悉绿电绿证交易规则和平台操作方式，更好地参与绿电绿证交易，进一步推动我国绿电绿证交易市场建设，北京电力交易中心组织编写了《绿电绿证交易手册》，全面梳理了我国绿电绿证交易发展背景和国内外实践情况，详细阐述了我国绿电绿证交易规则以及操作平台的使用方法，分析了当前我国绿电绿证的各类应用场景及应用案例，是全面介绍绿电绿证交易相关知识的权威指导书。

由于我国绿电绿证交易市场仍处于发展阶段，国际国内形势日新月异，政策及市场情况仍在不断发展变化中，相关内容仍需不断更新完善，不妥之处恳请广大读者批评指正！

编　者

2025 年 8 月

目　录

序言

前言

第一篇　基础知识

1　绿电绿证概述 ………………………………………………………………… 2

1.1　绿电绿证的定义及功能定位 ………………………………………… 2

1.2　绿电绿证交易及功能定位 …………………………………………… 4

2　国外绿电绿证交易实践 …………………………………………………… 6

2.1　美国绿电绿证交易实践 ……………………………………………… 6

2.2　欧洲绿电绿证交易实践 ……………………………………………… 9

2.3　跨国绿证交易实践 ………………………………………………… 13

3　我国绿电绿证交易实践 ………………………………………………… 15

3.1　我国绿电绿证交易政策设计 ……………………………………… 15

3.2　我国绿电绿证交易市场运营 ……………………………………… 20

3.3　我国绿电绿证交易发展展望 ……………………………………… 27

第二篇　交易规则解读

4　绿电交易规则 ··· 31

  4.1　交易规则导读 ·· 31

  4.2　经营主体 ·· 32

  4.3　交易组织方式 ·· 37

  4.4　价格机制 ·· 45

  4.5　合同签订 ·· 47

  4.6　结算与交割 ·· 48

  4.7　信息披露 ·· 54

  4.8　交易平台 ·· 55

5　绿证交易规则 ··· 56

  5.1　交易规则导读 ·· 56

  5.2　绿证交易职责分工及交易主体 ··· 57

  5.3　绿证核发 ·· 58

  5.4　交易及划转 ·· 60

  5.5　信息披露 ·· 63

  5.6　绿证监管 ·· 64

  5.7　绿证交易平台 ·· 64

第三篇　交易平台操作

6　绿电交易平台操作 ··· 67

  6.1　平台功能 ·· 67

  6.2　业务流程 ·· 68

  6.3　操作指引 ·· 71

7 绿证交易平台操作 ··· 96

  7.1 平台功能 ·· 96

  7.2 业务流程 ·· 96

  7.3 操作指引 ·· 97

8 绿色电力消费核算平台操作 ································· 112

  8.1 平台功能 ··· 112

  8.2 业务流程 ··· 113

  8.3 操作指引 ··· 114

第四篇 应用场景

9 绿色电力消费核算认证 ·· 123

  9.1 绿色电力消费核算认证政策情况 ···················· 123

  9.2 绿电绿证应用 ··· 124

10 可再生能源电力消纳保障机制 ························· 127

  10.1 可再生能源电力消纳保障机制政策情况 ·········· 127

  10.2 绿电绿证应用 ··· 129

11 能源消费强度和总量双控 ································· 131

  11.1 能源消费强度和总量双控政策情况 ··············· 131

  11.2 绿电绿证应用 ··· 132

12 碳排放核算 ·· 134

  12.1 我国碳排放核算相关政策情况 ····················· 134

  12.2 绿电绿证应用 ··· 137

13 RE100 国际倡议 ·· 140

  13.1 RE100 国际倡议基本情况 ···························· 140

  13.2 绿电绿证应用 ··· 141

14 欧盟碳相关贸易规则 ·· 143

14.1 欧盟碳边境调节机制要求 ····································· 143

14.2 欧盟电池法案认证要求 ······································· 144

14.3 绿电绿证应用 ··· 146

附录 1 北京电力交易中心绿色电力交易实施细则 ··············· 148

附录 2 可再生能源绿色电力证书核发和交易规则 ··············· 166

附录 3 多年期省间绿色电力双边协商交易协议参考模板（试行）········ 174

附录 4 多年期省内绿色电力双边协商交易协议参考模板（试行）········ 197

参考文献 ··· 220

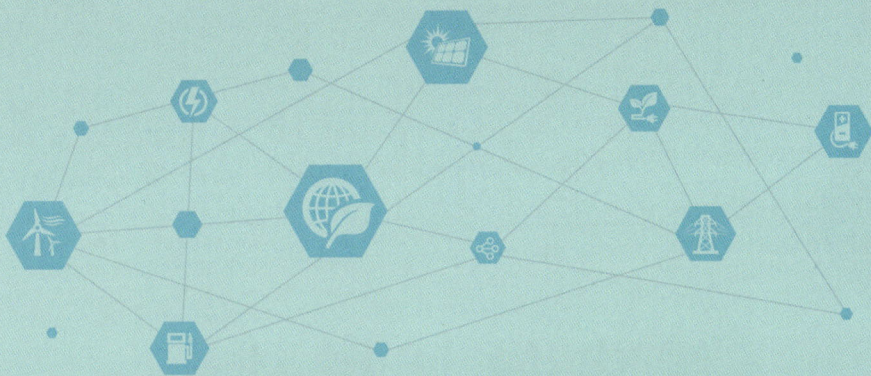

第一篇 基础知识

绿电绿证交易作为一项重要激励机制，在全球范围内有效促进了可再生能源的发展。美国和欧洲等国家和地区均建立了绿电绿证交易体系。我国为推动可再生能源高质量发展，积极探索开展绿电绿证交易，创新构建了权威可信的绿色电力消费核算体系，进一步促进了能源绿色低碳转型。在国家大力推动下，我国绿电绿证市场建设取得显著成效，绿电绿证交易已初具规模，得到社会各方广泛认同。

本篇详细阐述了绿电绿证的定义及功能定位，系统介绍了美国、欧洲以及典型国际组织的绿电绿证交易机制与实践，梳理总结了我国绿电绿证交易市场建设与运营情况，并对绿电绿证交易的未来发展方向进行了展望，帮助读者全面掌握绿电绿证交易的基础知识，深化对绿电绿证交易的理解。

1 绿电绿证概述

1.1 绿电绿证的定义及功能定位

1.1.1 绿电的定义及功能定位

　　绿电是绿色电力的简称，不同国家和机构因为政策设计的激励目标不同，对绿电的界定也会稍有差异。美国环保署（Environment Protection Agency，EPA）将绿电定义为由太阳能、风能、地热能、沼气、符合条件的生物质能和对环境影响较小的小型水电站生产的电力。欧洲环境署将绿电定义为太阳能、风能、地热能、生物质能和低影响水电设施等可再生能源生产的电力。绿色电力消费相关的非政府组织（Non-Governmental Organization，NGO），例如美国绿色能源合作伙伴计划组织（Green Power Partnership，GPP）、绿色能源认证组织（Green-e）和国际绿色电力消费倡议组织（100% Renewable Electricity，RE100）普遍认为绿电包括风电、太阳能发电、地热能发电、符合条件的生物质发电和符合条件的水电等，但对绿电的具体定义存在差异，如表1-1所示。

表 1-1　　　　　　　　　典型机构对绿电的定义

典型机构	成立地点	业务覆盖范围	对绿电的定义
RE100	美国	欧洲、北美和亚太地区	风电、太阳能发电、地热能发电、符合条件的水电、符合条件的生物质发电
GPP	美国	美国	风电、太阳能发电、地热能发电、符合条件的水电、符合条件的生物质发电、生物柴油发电、使用合格可再生能源的燃料电池
Green-e	美国	美国和加拿大	风电、太阳能发电、地热能发电、符合条件的水电、符合条件的生物质发电、生物柴油发电、使用合格可再生能源的燃料电池、海洋能发电

我国将绿电定义为符合国家有关政策要求的风电（含分散式风电和海上风电）、太阳能发电（含分布式光伏发电和光热发电）、常规水电、生物质发电、地热能发电、海洋能发电等已建档立卡的可再生能源发电项目所生产的全部电量。

绿电具有环境价值，其核心功能定位在于推动能源结构转型与可持续发展。政府机构一般根据要重点支持的可再生能源类型定义绿电，并设计相应的激励政策，推动绿电发展和能源转型。绿色电力消费组织等根据可再生能源电力对环境的影响，进一步明确支持或者认可的可再生能源电力类型，并将其纳入绿电范围，引导具有绿色电力消费需求的各类主体通过绿电交易、绿证交易、自建绿电项目等方式，推动绿电项目建设和发展，同时满足自身绿色转型需求。

1.1.2　绿证的定义及功能定位

绿证是绿色电力证书的简称，是国际通用的可再生能源电力环境属性凭证，通常用于记录交易 1000 千瓦时可再生能源电力的环境价值，其核心功能是将可再生能源的环境效益市场化。绿证本质上是一种政策工具，不同国家根据各自政策设计需要，对绿证的定义和功能定位也存在差异。

美国的绿证也称可再生能源证书（Renewable Energy Certificates，RECs）。根据美国环保署的定义，美国绿证是一种基于市场的工具，代表可再生能源电力所产生的环境、社会及其他非电力属性的产权权益，每 1000 千瓦时可再生能源电力可获得签发一张绿证。美国绿证强调区分可再生能源电力的物理属性与环境属性，允许绿证与电力分离交易，主要用于满足各州可再生能源配额制（Renewable Portfolio Standards，RPS）要求，并为企业、个人等满足自愿绿色电力消费目标或自愿减排提供工具。

欧盟的绿证也称来源担保证书（Guarantees of Origins，GOs）。根据欧盟 2009年《可再生能源指令》（Directive 2009/28/EC），欧盟绿证的主要功能是证明用户的能源消费中有一定比例或规模来自可再生能源。欧盟绿证强调跨国流通性，主要用于企业证明其使用的电力来自可再生能源，以符合欧盟碳减排目标或RE100 等国际倡议。

我国的绿证也称可再生能源绿色电力证书（Green Electricity Certificate，GEC），是可再生能源电量环境属性的唯一证明，是认定可再生能源电力生产、消费的唯一凭证。1 个绿证单位对应 1000 千瓦时可再生能源电量。目前，我国对风电（含分散式风电和海上风电）、太阳能发电（含分布式光伏发电和光热发电）、常规水电、生物质发电、地热能发电、海洋能发电等已建档立卡的可再生能源发电项目所生产的全部电量核发绿证。其中，对风电（含分散式风电和海上风电）、太阳能发电（含分布式光伏发电和光热发电）、生物质发电、地热能发电、海洋能发电等可再生能源发电项目上网电量，以及2023年1月1日（含）以后新投产的完全市场化常规水电项目上网电量，核发可交易绿证；对项目自发自用电量和2023年1月1日（不含）之前的常规存量水电项目上网电量，现阶段核发绿证但暂不参与交易。

此外，国际跟踪标准基金会（The International Tracking Standard Foundation, I-TRACK）核发国际可再生能源证书［The International Renewable Energy Certificates for Electricity，I-REC（E）］，旨在为新兴市场（如东南亚、拉美）提供可追溯的可再生能源电力环境属性工具，助力跨国企业实现全球供应链脱碳。

总体来看，绿证具有绿电社会边际收益的经济实体性、与电力本身的可分离性以及流动的独立性，也具有与产权相类似的激励功能、约束功能、资源配置功能和协调功能。它既可作为独立的可再生能源电力的计量工具，又可作为RPS完成与否的核查、清算工具，同时也可以作为一种转让可再生能源社会边际收益所有权的交易工具。

1.2 绿电绿证交易及功能定位

绿电交易是指以绿电和对应环境价值为标的物的电力交易品种，交易电力同时提供国家核发的绿证，用以满足发电企业、售电公司、电力用户等出售、购买绿电的需求。绿证交易是指市场主体通过绿证交易技术支持系统，以绿证为标的物开展的交易。

绿证交易与绿电交易在交易标的、交易特点等方面存在不同，如表1-2所示。在交易标的方面，绿电交易的标的是电能量以及环境权益，绿证交易的标的仅是环境权益；在交易特点方面，绿电交易是环境权益随电能量同时交易，绿证交易是纯环境权益交易，与电能量交易分离；在交易价格方面，绿电交易价格反映电能量价值与环境价值两部分，两者分别明确，绿证交易价格仅反映环境价值；在交易范围方面，绿电交易需要依托电力输送通道，包括省间、省内市场交易，绿证交易不需要依托电力输送通道，不受地理范围限制；在交易溯源方面，两者均采用区块链记账、结算，绿电交易可电证同时溯源，绿证交易仅绿证溯源。

表 1-2　　　　　　　　　　　绿电交易和绿证交易对比情况

交易机制	交易标的	交易特点	交易价格	交易范围	交易溯源
绿电交易	物理量＋环境权益	证电合一（交易电能量与绿证）	电能量价值和环境价值	省间、省内	区块链记账、结算，电证溯源
绿证交易	环境权益	证电分离（交易绿证）	环境价值	不受地理范围限制	区块链记账、结算，绿证溯源

绿电交易可全面反映绿电的电能价值和环境价值，促进新能源发展，同时可为电力用户购买绿电、实现产品零碳需求提供更加便捷可行的购买途径。绿证交易可为用户满足 RPS、碳排放等考核要求提供履约手段，可以更加灵活地满足广大用户绿色电力消费需求。绿电交易和绿证交易将协同发展，双轮驱动，共同体现绿电的环境价值。

2

国外绿电绿证交易实践

2.1 美国绿电绿证交易实践

2.1.1 美国绿电绿证市场体系

由于传统化石能源消耗带来的环境问题日益严峻,美国联邦和州层面分别出台了一系列激励政策来促进可再生能源的发展,绿电绿证交易应运而生。在推动可再生能源增长领域,企业起了至关重要的作用。在过去很多年中,随着可再生能源价格的大幅下降和其带来的良好经济效益,越来越多的企业承诺推进积极的可持续发展,并设定可再生能源使用目标。自2013年起,美国企业对可再生能源电力的采购量开始爆发式增长。

美国绿电市场主要有两种类型,一是强制市场,二是自愿市场。强制市场是各州政府依据 RPS 相关法律法规建立的,目的是帮助承担配额义务的责任主体实现可再生能源配额目标。自愿市场则是消费者出于自身绿色电力消费意愿而采购可再生能源电力的市场。美国绿电绿证市场体系示意图如图 2-1 所示。

2.1.2 美国绿电绿证市场运营

1. 绿证运营机制

美国绿证既可以作为 RPS 的配套政策工具——市场主体可通过购买绿证完成配额考核,也可以作为市场主体自愿消费绿电的实现途径。美国绿证在可再生能源电力生产、使用、结算等环节中均扮演着重要角色。

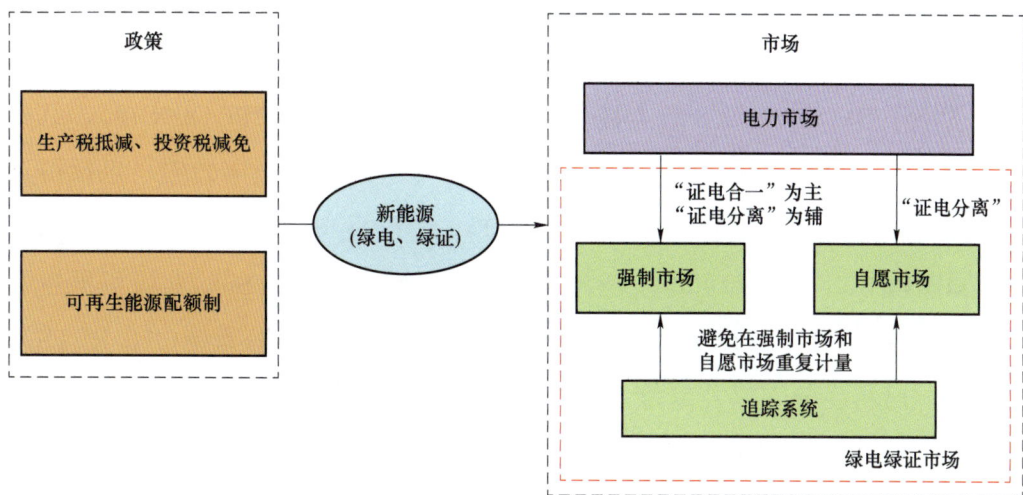

图 2-1 美国绿电绿证市场体系示意图

　　美国绿证由各州政府依据各自制定的标准核发，一般包括发电企业名称、可再生能源电力品种、技术类型、生产日期、可交易的范围、唯一识别编号等信息，其中唯一识别编号用于绿证的追踪溯源且确保绿证不会重复购售。纳入绿证核算范围的可再生能源电力主要包括水电、风电、光伏发电、光热发电、海洋能发电、地热发电、生物质和垃圾发电，一般 1000 千瓦时核发一个绿证。

　　根据交付时间，美国绿证交易可分为长期合同交易和短期交易，长期合同交易即通过签订长期绿证买卖合同进行交易，短期交易主要指在交易平台上开展的绿证实物交易。根据转移方式，美国绿证交易是"证电分离"的交易，即在市场中单独购买绿证；绿电交易则是"证电合一"的交易，即绿电交易可实现电能量和绿证的同步转移。此外，零售用户还可通过支付公用事业绿电加价、社区集中采购等方式购买绿证。大多数州同时认可通过绿电交易与绿证交易购买的绿证，但亚利桑那、内华达等少数州仅认可通过绿电交易购买的绿证。

　　绿证追踪系统是一种可以追踪绿证从生成到转移到最后注销全过程的追踪系统，为相关部门核算可再生能源配额提供了一套准确、透明的工具。在大多数实施 RPS 的州，绿证追踪系统被强制用于可再生能源配额的核算。除此之外，绿证追踪系统也能为绿电自愿市场提供同等透明、准确的核算机制。美国各州单独或联合建设运营绿证追踪系统。目前美国有 10 个绿证追踪系统，总体可分为两类：一类是针对所有电力的，包括宾夕法尼亚州、泽西州、马里兰州发电追踪系统（PJM-GATS）及新英格兰地区发电追踪系统（NEPOOL-GIS）、纽约州发电追踪系统（NYGATS）；另一类是只针对可再生能源电力的，包括得克萨斯州可再生能源绿证追踪系统（ERCOT）、密歇根州可再生能源绿证追踪系统（MIRECS）、中西部可再生能源绿证追踪系统（M-RETS）、北美可再生能源绿证追踪系统（NAR）、北卡罗来纳州可再生能源绿证追踪系统（NC-RETS）、内华达州可再生能源绿证追踪系统（NVTREC）、西部可再生能源绿证追踪系统（WREGIS）。绿证追踪系统为 1000 千瓦时绿电生成 1 个具有唯一编码的绿证，记录发电主体等相关信息。绿证追踪系统允许绿证在账户持有人之间转移，每个绿证只能出现在一个账户中，从而避免重复计算。监管机构可通过绿证追踪系统核实 RPS 的履约情况。

2. 强制市场运营情况

强制市场的核心驱动机制是 RPS。州政府的 RPS 要求电力供应商的绿电供应量在规定期限内必须达到一定比例，不能按时履约的责任主体将会受到相应的惩罚。目前美国已有 29 个州、华盛顿哥伦比亚特区和 3 个领地实施了 RPS。

强制市场中，电力供应商通常有两种履约途径，一种是提高自身绿电供应比例，另一种是通过绿证交易市场购买绿证。电力供应商的履约成本将传导至其供电范围内的所有用户。

2024 年，美国强制市场绿电需求量约为 4.5 亿兆瓦时。根据劳伦斯伯克利国家实验室预测，2050 年美国强制市场绿电需求量将达到 9.3 亿兆瓦时。

3. 自愿市场运营情况

自愿市场是在强制市场之外为满足用户对于绿色电力消费的意愿而产生的，交易主要发生在零售市场。自愿市场的主要购方可分为居民和非居民用户。相较强制市场，自愿市场更灵活，用户可根据自己的偏好购买不同的绿电产品。自愿市场提供的交易品种主要有公用事业绿电加价、公用事业绿色附加费、竞价采购、自愿购电协议、非捆绑绿证交易、社区集中采购等。

为促进用户自愿消费绿电，美国环保署于 2001 年成立了 GPP，帮助本土企业、机构、组织通过消费绿电支持可再生能源发展。GPP 认证的是在可再生能源配额等强制目标之外的自愿绿色电力消费，已吸引了超过 700 家企业及社会主体的参与，包括世界 500 强企业、中小型企业、学校、州政府及地方政府，有效促进了美国自愿市场的发展。

近些年，美国自愿市场绿电交易规模持续扩大。2013 年，美国自愿市场绿电交易量为 0.64 亿兆瓦时。2023 年，美国自愿市场绿电交易量约占非水可再生能源发电量的 44%，达 3.19 亿兆瓦时，10 年间上涨约 4 倍。

2.2　欧洲绿电绿证交易实践

2.2.1　欧洲绿电绿证市场体系

欧盟于 2001 年通过《可再生能源指令》（Directive 2001/77/EC），首次提出 GO 机制。这一机制旨在促进可再生能源电力交易，并让消费者更清晰地分辨和选择非可再生与可再生能源电力。该指令明确要求各成员国在 2003 年 10 月 27 日前，依据本国制定的客观、透明且非歧视性标准，建立可再生能源电力的来源认证体系。成员国需指定一个或多个独立于发电与配电企业的监管机构，专门负责监督 GO 的签发工作。

欧盟 2009 年颁布的《可再生能源指令》（Directive 2009/28/EC）对 GO 作出了定义。根据该指令第 2 条，GO 是一种电子凭证，用于证明用户消费的能源中包含一定比例或规模的可再生能源。该指令要求所有成员国必须建立国家 GO 登记处，并成立欧盟来源担保证书发行机构协会（Association of Issuing Bodies，AIB）负责统筹管理。各国国家 GO 登记处可追踪每一个 GO 的核发、划转和核销流程。

目前所有欧盟成员国以及挪威、瑞士均认可并实施 GO 机制。这一机制本质上属于可再生能源自愿市场机制，与挪威、瑞士等国建立的有法定配额义务的可再生能源强制市场相互独立，无法用于电力消费者完成强制配额考核。欧洲绿电绿证交易市场体系示意图如图 2-2 所示。

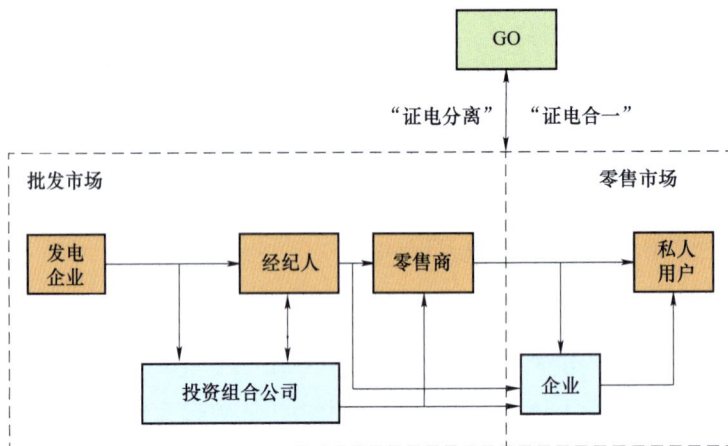

图 2-2 欧洲绿电绿证交易市场体系示意图❶

2.2.2 欧洲绿电绿证市场运营

1. 绿证运营机制

欧盟由 AIB 负责 GO 市场管理,其职能包括制定欧洲能源证书系统(European Energy Certificate System,EECS)规则,确保各国 GO 的互认性;规定 GO 必须包含的字段(如能源类型、生产时间及地点、装机容量等);运营电子登记系统,开展 GO 跨国交易,实现实时签发、转让和注销;通过区块链技术验证 GO 唯一性,防止重复计算。

核发规则方面,欧盟统一规定了 GO 的核发标准,成员国可自行制定核发原则。根据受政府补贴的可再生能源项目能否申请 GO,可分为 3 类:一是有政府补贴支持机制的可再生能源项目仍核发 GO,且 GO 属于发电项目主体,包括丹麦、荷兰、西班牙等,发电商在享受补贴的同时可以通过 GO 增加额外收入。如三峡集团西班牙 Flores 和 Horus 风电项目由政府核定监管收益率,同时仍允许核发 GO。二是有政府补贴支持机制的可再生能源项目不再核发 GO,包括德国、爱尔兰等。例如三峡集团在德国的稳达海上风电项目由政府差价合约机制保障收益,无法申请 GO。三是有政府补贴支持机制的可再生能源项目仍核发 GO,但是对应的证书不属于发电项目主体,而是由政府统一拍卖,收益用于支持可

---

❶ 图中经纪人、投资组合公司均为欧洲绿证交易的代理商,其中,经纪人是绿证市场的独立市场主体,作为发电企业与零售商之间的中介,负责绿证的购买和转让;投资组合公司不仅提供购买绿证的服务,还会代理企业开展绿证核销、绿色电力消费认证等服务。

再生能源项目的发展，包括法国、意大利、葡萄牙等。

技术支撑方面，各国国家 GO 登记处，可追踪每一个 GO 的发行、转让和撤回。GO 有效期为自出具之日起 12 个月，即颁发的 GO 必须在 12 个月内交易或核销，否则证书过期，需从系统中注销。到 2024 年，AIB 拥有来自 30 个欧洲国家（欧盟、欧洲经济区和能源共同体成员国）的 37 名成员，由 AIB 统一负责 GO 系统的管理。

交易方式方面，目前大部分成员国核发的 GO 分为只能在国内交易、可以跨国交易两种，跨国交易的 GO 需要欧盟核发机构认证或交易国双边核发机构的互认。欧盟为成员国核发的 GO 跨国交易制定了基础规则，但目前各成员国普遍根据自身情况制定具体实施规定。GO 没有固定价格，其价值取决于市场需求。GO 交易主要包括一次采购型非捆绑 GO、供应合同型非捆绑 GO 等形式。一次采购型非捆绑 GO 是购方与可再生能源发电企业之间建立的一次性购买关系，对可再生能源的地点、技术、项目和时间没有特定偏好。供应合同型非捆绑 GO 是企业通过签订中长期合同，按约定的时间以固定的价格购买 GO。绿电交易主要包括绿电供应、长期购电协议（Power Purchase Agreement，PPA）等形式。绿电供应是购方和能源供应商之间签订的捆绑 GO 的绿电供应合同。PPA 是购方和可再生能源发电企业之间签订的长期合同协议。PPA 包括物理 PPA、虚拟 PPA 等形式。物理 PPA 是按照实物交割、物理结算的方式签订的电力交易合约，而虚拟 PPA 是金融属性合约，购售双方不交割电力，仅商定电价，这样交易双方能够应对电力市场的价格波动。从价格水平来看，GO 的价格大部分时间都处于低水平，与绿电价格脱钩。

应用场景上，GO 主要是满足企业或者居民用户自愿消费绿电的需求，或者满足供应商的碳减排目标。例如，部分大型企业加入 RE100 等可再生能源利用倡议联盟，RE100 将购买 GO 作为成员企业满足可再生能源消费比例要求的途径之一。这些企业为满足 RE100 标准而购买 GO。目前欧洲碳市场尚未纳入间接碳排放，购买绿电和 GO 尚无法抵碳。

2. 绿电绿证市场运营情况

随着可再生能源成本降低，欧洲可再生能源电力经历了从固定上网电价、差价合约、溢价机制、招标电价等补贴机制到市场化的演变过程。同时，越来越多的公司提出碳中和目标或制定强制绿色电力消费目标，长期购电协议（PPA）

规模日益扩大，成为当前欧洲常见的可再生能源电力市场交易机制。

2018—2023 年欧洲 PPA 签约容量总体呈现上涨趋势。从 3.39 吉瓦增长至 16.2 吉瓦，涨幅高达 378%。2023 年欧洲 PPA 市场的签约容量达 16.2 吉瓦，相较 2022 年增长超 40%，签约数量达到 272 个，较 2022 年增长 65%，标志着欧洲 PPA 市场进入"黄金时代"。从 PPA 类型看，企业 PPA 签约容量为 11.95 吉瓦，占总容量的 73.8%，公用事业单位 PPA 签约容量为 4.02 吉瓦，占比为 24.8%，如图 2－3 所示。

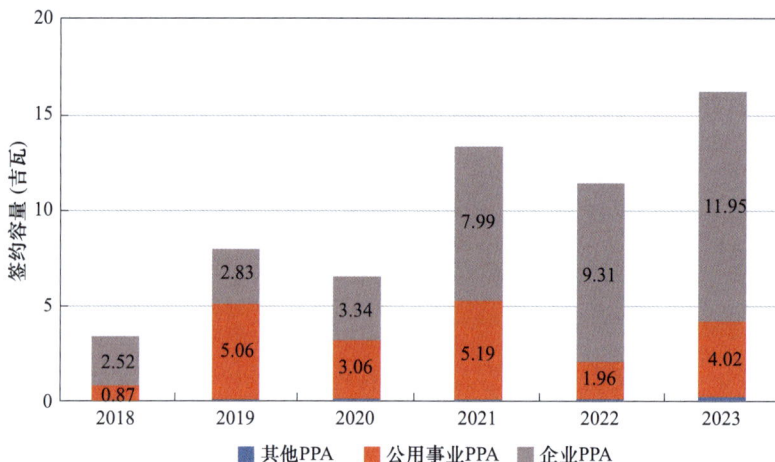

图 2－3　2018—2023 年欧洲不同类型 PPA 签约容量情况[1]

从购电企业行业看，签约容量排名前三的分别是信息技术企业、消费品企业、生产资料企业，签署合约数分别是 25、47、30 个，签约容量分别是 3653、1519、1444 兆瓦，占总容量比重分别是 22.2%、9.3%、8.6%，如图 2－4 所示。

2023 年，欧盟 GO 市场总交易量达 650 太瓦时，同比增长 12%，占欧盟可再生能源发电量的 58%。其中跨境交易占比 35%，挪威、瑞士与欧盟成员国的 GO 交易量显著增加（如挪威水电 GO 占德国进口量的 40%）。从价格来看，存在明显的价格分层特点。例如北欧水电 GO 溢价最高（3～5 欧元/兆瓦时），南欧太阳能 GO 均价 1.5～2 欧元/兆瓦时，东欧地区最低（0.5～1 欧元/兆瓦时）。从最新动态来看，德国、荷兰正在试行 GO 与用电时间精准匹配，以应对"漂绿"争议。

---

[1] 数据来源：Pexapark《European PPA Market Outlook 2024》。

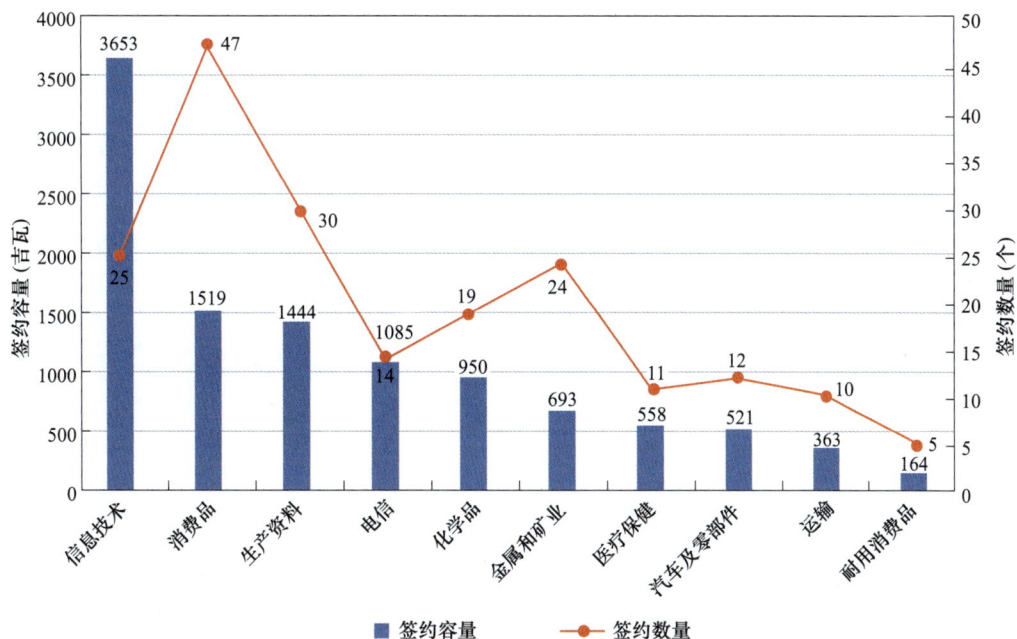

图 2-4 2023 年欧洲 PPA 市场购方企业行业情况❶

2.3 跨国绿证交易实践

除美国、欧洲的绿电绿证实践外，国际上也存在一些跨国性的非政府组织开展了绿证交易实践，典型的如 I-TRACK 基金会、能源和环境市场技术服务提供商（An Xpansiv Company，APX）开展的绿证核发、交易等服务。

2.3.1 I-TRACK 绿证体系

I-TRACK 是 2014 年在荷兰成立的非政府组织，制定了 I-TRACK 标准，旨在提供国际认可的绿证发行管理机制和市场机制，提供绿证交易平台和溯源系统。I-TRACK 在其合作的国家或地区成立了当地签发机构，负责本国或本地区的绿证市场运营，支撑 RPS 履约与自愿绿色电力消费。此外，面向不具备设立当地签发机构条件的国家或地区，成立了世界剩余区域签发机构，统一负责此类国家和地区的绿证市场运营。

I-TRACK 核发两类证书，为可再生能源电力核发的证书为 I-REC（E），为

---

❶ 数据来源：Pexapark《European PPA Market Outlook 2024》。

氢气、二氧化碳去除和沼气、生物甲烷等核发的证书为 I-TRACK。

I-REC（E）是一种可交易的绿证，用于记录相关电力生产的信息，如发电地点、机组装机容量、能源类型等，实现了对电力生产属性的溯源，避免各地区间的双重认定、重复计算和重复发证。I-REC（E）主要用于满足各种自愿消费需求，包括 RE100、Green-e 等自愿绿色电力消费认证、企业碳排放核算中的部分间接排放报告等。

I-REC（E）由与 I-TRACK 建立合作的国家或地区的当地签发机构核发，核发范围包含风电、光伏和水电。目前国际市场常见的 I-REC（E）交易方式以双边协商交易为主。

国际跟踪标准基金会拥有较完善的账户体系。市场主体可开立 I-REC（E）主账户、子账户、核销账户，开户申请时可申请一个主账户和多个子账户及核销账户。市场主体将 I-REC（E）移至核销账户即完成了其核销操作，核销后，该市场主体电力消费中的可再生能源电力占比得以明确。

2.3.2 APX 绿证体系

APX 是在美国建立的在全球范围内开展绿证核发与交易的组织。APX 核发两类绿证：北美地区绿证称为 NAR（North American Renewables Registry），北美之外绿证称为 TIGRs（Tradable Instrument for Global Renewables）。TIGRs 主要用于满足自愿消费需求，也是 RE100 认可的零碳声明工具之一。

TIGRs 由 APX 负责核发，核发范围包括生物质能发电、地热能发电、氢能发电、太阳能发电、光伏发电、风电等。APX 仅对无补贴可再生能源项目核发 TIGRs，不接受水电项目、有补贴项目，以及申请过其他类型绿证项目的申请。

APX 建立了可进行绿证注册、溯源、交易的全球可再生能源交易平台，企业可在平台上进行线上交易，在线签订 TIGRs 买卖合同及核销。

平台构建了 TIGRs 账户体系，任何个人或组织均可申请开立 TIGRs 账户。根据市场主体类型，账户可分为以下几类：一般账户、核销账户、发电企业账户、售电公司账户等。总体而言，一般账户、发电机组所有者账户、售电公司账户等账户下可设置多个交易子账户和核销子账户。核销子账户中的绿证不可再被交易或转移。

3 我国绿电绿证交易实践

3.1 我国绿电绿证交易政策设计

3.1.1 我国可再生能源政策体系以及绿电绿证交易背景

2005 年 2 月，第十届全国人大常委会第十四次会议审议通过了《中华人民共和国可再生能源法》，2009 年 12 月，第十一届全国人大常委会第十二次会议审议通过了《中华人民共和国可再生能源法修正案》，构建了支持可再生能源发电发展的五项基本制度，包括总量目标、强制上网、分类电价、费用分摊及专项资金制度。

《中华人民共和国可再生能源法》的颁布，对我国可再生能源（包括风电、太阳能发电、水电、生物质能发电、地热能发电等）发展、调整能源结构、保护环境、实现绿色发展起到了重要作用。尤其是实施固定上网电价政策以后，推动我国可再生能源持续快速增长。随着新能源（重点指风电、太阳能发电）技术进步，成本逐步下降，新能源上网电价也经历了多次下调，直至 2021 年我国可再生能源补贴基本全部退出，新能源发电进入平价时代。

"十四五"时期我国新能源进入由补贴支撑发展转为平价低价发展，由政策驱动发展转为市场驱动发展的新阶段。从供给侧来看，随着新能源逐步进入电力市场以及新能源发电系统成本的逐步显现，新能源发电收益难以保障，绿电市场成为新能源进入电力市场体现其绿色属性、保证其合理收益补偿的重要途径。从需求侧看，越来越多的国内外企业对购买绿电需求迫切，如宝马汽车、巴斯夫等跨国企业，已明确提出在未来十几年内要实现 100%绿电生产目标。

绿电市场体系构建成为未来接力新能源补贴政策、适应新能源进入电力市场，关系新能源长远健康发展的重要政策设计。

3.1.2 我国绿电绿证交易政策演进

1. 我国绿电交易政策沿革

《中华人民共和国可再生能源法》明确了我国可再生能源实施全额保障性收购制度。2015 年 3 月，《中共中央　国务院关于进一步深化电力体制改革的若干意见》（中发〔2015〕9 号）明确提出，要形成促进可再生能源利用的市场机制，鼓励可再生能源参与电力市场。2016 年 3 月，《国家发展改革委关于印发〈可再生能源发电全额保障性收购管理办法〉的通知》（发改能源〔2016〕625 号）明确，可再生能源年发电量分为保障性收购电量部分和市场交易电量部分，超出最低保障收购年利用小时数的部分通过市场交易方式消纳。"十二五"到"十三五"期间，为缓解局部地区新能源消纳矛盾，我国部分地区陆续开展了一系列新能源市场化交易的探索，为我国绿电交易开展奠定了良好基础。但这些新能源市场化交易都是纯电能量交易，不含绿色环境价值，不是真正的绿电交易。

2021 年 8 月，我国启动绿电交易试点工作，绿证作为绿电标识，以"证电合一"方式随绿电转移至用户侧，作为用户消费绿电的认证依据。2021 年 8 月，《国家发展改革委　国家能源局关于绿色电力交易试点工作方案的复函》（发改体改〔2021〕1260 号）同意国家电网有限公司、南方电网公司开设绿电交易试点，并提出要做好绿电交易与绿证机制的衔接。国家可再生能源信息管理中心根据绿电交易试点需要，向北京电力交易中心、广州电力交易中心批量核发绿证。电力交易中心依据国家有关政策组织开展绿电交易，并实现市场主体间的绿证交易和划转。

2022 年以来，国家出台政策文件要求建立健全绿电交易机制，鼓励绿色电力消费。2022 年 1 月，《国家发展改革委　国家能源局关于加快建设全国统一电力市场体系的指导意见》（发改体改〔2022〕118 号）提出，创新体制机制，开展绿电交易试点，以市场化方式发现绿电的环境价值，体现绿电在交易组织、电网调度等方面的优先地位；引导有需求的用户直接购买绿电，推动电网企业优先执行绿电的直接交易结果。2022 年 9 月，《国家发展改革委　国家能源局关于有序推进绿色电力交易有关事项的通知》（发改办体改〔2022〕821号）明确，鼓励各类用户自愿消费绿电，要求中央企业和地方国有企业、高耗能企业、地方机关和事业单位承担绿色电力消费社会责任。2023年2月，《国家发展改革委 财政部 国家能源局关于享受中央财政补贴的绿电项目参与绿电交易有关事项通知》（发改体改〔2023〕75号）推动带补贴项目参与绿电绿证市场。2024年2月，《国家发展改革委 国家能源局关于内蒙古电力市场绿色电力交易试点方案的复函》（发改办体改〔2024〕82号）同意蒙西电网开展绿电交易试点工作。2024年7月，《国家发展改革委 国家能源局关于印发〈电力中长期交易基本规则—绿色电力交易专章〉的通知》（发改能源〔2024〕1123号）提出，推动绿电交易融入电力中长期交易，满足电力用户购买绿电需求，进一步明确绿电交易的定义、交易组织、交易方式、价格机制、合同签订与执行、交易结算及偏差处理、绿证核发划转等具体内容。

2. 我国绿证交易政策沿革

我国2017年建立绿证制度，随着可再生能源快速发展、绿色消费需求提升，尤其是绿电交易的开展，绿证的内涵外延和生产流通方式不断演化完善。2022年以来，我国不断完善绿证制度，绿证的功能定位和制度设计发生了根本性变化。总体上看，我国绿证制度及相关政策的发展主要分为三个阶段：自愿认购补贴绿证阶段、补贴绿证和平价绿证并行阶段以及绿证作为基础凭证全面市场化阶段。

在自愿认购补贴绿证阶段，我国2017年提出在全国范围内试行绿证核发和自愿认购，主要定位是通过绿证收入缓解国家财政补贴压力。2017年2月，《国家发展改革委 财政部 国家能源局关于试行可再生能源绿色电力证书核发及自愿认购交易制度的通知》（发改能源〔2017〕132号）提出，在全国范围内试行绿证核发和自愿认购。这是我国关于绿证的首个制度文件。绿证核发标准是按照1个证书对应1000千瓦时结算电量，向企业核发相应证书，核发对象为列入财政部可再生能源电价附加资金补助目录的陆上风电和光伏电站，不含海上风电、分布式光伏发电、太阳能热发电等，同时也不含生物质发电、地热能发电、常规水电等。绿证核发方式为自愿申请，符合条件的风电、光伏发电企业通过可再生能源发电项目信息管理系统，依据项目核准（备案）文件、电费结算单、电费结算发票和电费结算银行转账证明等证明材料申请绿证，国家可再生能源信息管理中心按月核定和核发绿证。绿证价格不高于证书对应电量的可再生能源电价附加资金补贴金额。绿证出售后，相应的电量不再享受国家可再生能源电价附加资金的补贴。用户认购的绿证不得再次出售。

在补贴绿证和平价绿证并行阶段，我国提出与补贴脱钩反映绿电属性的"平价绿证"，将自愿认购绿证作为完成消纳责任权重的补充方式之一，绿证的应用场景得到进一步拓展。2019 年 1 月，《国家发展改革委　国家能源局关于积极推进风电、光伏发电无补贴平价上网有关工作的通知》（发改能源〔2019〕19 号）提出，部分条件好的地区已基本具备与燃煤标杆上网电价平价（不需要国家补贴）的条件，鼓励平价上网和低价上网可再生能源项目通过绿证交易获得合理收益。自此，在原有自愿认购"补贴绿证"的基础上，提出了与补贴脱钩，直接反映绿电环境属性的"平价绿证"，推动对平价新能源项目电量核发绿证，让平价项目的绿色环境价值显性化，并获得上网电价之外的额外收益，为通过市场反映可再生能源电力的绿色价值，促进绿证市场规模扩大奠定了基础。2019 年 5 月，《国家发展改革委　国家能源局关于建立健全可再生能源电力消纳保障机制的通知》（发改能源〔2019〕807 号）对各省级行政区域设定可再生能源电力消纳责任权重，建立健全可再生能源电力消纳保障机制，将购买自愿绿证作为完成消纳责任权重的补充方式之一，绿证的应用场景得到进一步拓展。

在绿证作为基础凭证全面市场化阶段，我国不断完善绿证机制，明确以绿证作为可再生能源电力消费量认定的基本凭证，推动电力交易机构开展绿证交易，鼓励绿电绿证消费。2022 年以来，国家相关政策文件多次提出完善绿证机制，对绿证功能定位进行重大调整。2022 年 1 月，《国家发展改革委等部门关于印发〈促进绿色消费实施方案〉的通知》（发改就业〔2022〕107 号）明确提出，进一步激发全社会绿色电力消费潜力，统筹推动绿电交易、绿证交易。2022 年 6 月，国家发展改革委、国家能源局等 9 部门联合印发《"十四五"可再生能源发展规划》，提出完善绿证机制，强化绿证的绿色电力消费属性标识功能，拓展绿证核发范围，推动绿证价格由市场形成。2022 年 8 月，《国家发展改革委等部门关于进一步做好新增可再生能源不纳入能源消费总量控制有关工作的通知》（发改运行〔2022〕1258 号）明确，以绿证作为可再生能源电力消费量认定的基本凭证,省级行政区可再生能源消费量以本省电力用户持有的绿证作为核算基准。2022 年 9 月,《国家发展改革委　国家能源局关于推动电力交易机构开展绿色电力证书交易的通知》(发改办体改〔2022〕797 号)明确,在国家可再生能源信息管理中心组织绿证自愿认购的基础上,推动电力交易机构开展绿证交易,引导更多市场主体参与绿电绿证交易,促进可再生能源消费。

2023 年,国家完善可再生能源绿色电力证书基础制度,推动实现绿证核发全覆盖。2023 年 9 月,《国家发展改革委　财政部　国家能源局关于做好可再生能源绿色电力证书全覆盖工作促进可再生能源电力消费的通知》(发改环资〔2023〕1044 号)明确,绿证是我国可再生能源电量环境属性的唯一证明,是认定可再生能源电力生产、消费的唯一凭证,树立绿证权威性;对全国风电(含分散式风电和海上风电)、太阳能发电(含分布式光伏发电和光热发电)、常规水电、地热能发电、海洋能发电等已建档立卡的可再生能源发电项目全部核发绿证,实现绿证核发全覆盖;调整绿证核发方式,从"自愿核发"转变为"全量核发",对已建档立卡的可再生能源发电项目全部电量核发绿证,核发机构在可再生能源发电企业完成发电上网电量结算后即核发绿证;根据绿证功能和流通方式,将绿证分为可交易绿证和不可交易绿证两种类型。该政策是自 2017 年我国建立绿证制度以来对绿证基础制度的重要完善,对有效破解我国绿电绿证交易市场建设中绿证覆盖和供给问题,加快我国绿电绿证交易市场建设具有重要意义。

2024 年以来,国家进一步加强了绿证与节能降碳政策的衔接,促进绿证市场发展,扩大绿证应用场景。2024 年 1 月,《国家发展改革委　国家统计局　国家能源局关于加强绿色电力证书与节能降碳政策衔接大力促进非化石能源消费的通知》(发改环资〔2024〕113 号)明确,将绿证交易电量纳入节能评价考核指标核算,全面落实绿证发挥可再生能源电力消费基础凭证作用;明确绿证交易电量扣除方式,参与跨省可再生能源市场化交易或绿电交易对应电量,按物理电量计入受端省份可再生能源消费量,对于绿证跨省交易电量,按交易流向计入受端省份可再生能源消费量,不再计入送端省份可再生能源消费量。此外,政策文件还进一步推动落实绿证核发全覆盖工作，提出扩大绿证交易范围具体措施，规范绿证交易制度。推动拓展绿证应用场景，激发绿证市场需求侧潜力。2025 年 3 月，《国家发展改革委等部门关于促进可再生能源绿色电力证书市场高质量发展的意见》（发改能源〔2025〕262 号）明确，构建强制消费与自愿消费相结合的绿证消费机制，对钢铁、有色、建材、石化、化工等行业企业和数据中心，以及其他重点用能单位和行业提出绿证强制消费要求，鼓励其他用能单位进一步提升绿色电力消费比例，丰富绿证自愿消费场景。推动绿证应用走出去。文件的印发，有助于充分激发绿色电力消费需求、释放绿证市场活力，对以更大力度推动可再生能源高质量发展，更好助力经济社会发展全面绿色转型意义重大。

3.2　我国绿电绿证交易市场运营

3.2.1　绿电绿证交易机制

1. 绿电交易机制

我国绿电交易主要包括省内绿电交易和跨省区绿电交易，以双边协商、挂牌交易等方式组织开展。绿电交易中会分别明确电能量价格与绿证价格，交易电力同时提供国家核发的绿证。

绿电交易由电力交易机构在电力交易平台按照年（多年）、月（多月）、月内（旬、周、日滚动）等周期组织开展。目前依托北京、广州、内蒙古电力交易中心开展跨省区绿电交易，依托各省（区、市）电力交易中心开展省内绿电交易。电力交易平台依托区块链技术可靠记录绿电交易全业务环节信息，为交易主体提供绿电交易申报、交易结果查看、结算结果查看及确认等服务。

我国绿电交易具有唯一性、可执行性、真实性以及全流程溯源性等特点。在唯一性方面，经营主体通过统一的电力交易平台完成交易申报。申报信息包括绿电交易电量、电能量价格和绿电环境价值。交易机构根据经营主体申报数据开展交易出清，形成市场化出清结果。不论采用双边还是集中模式，均出清形成单一购方和单一售方的一对一合同关系，所有绿电交易均无法重复出售，确保了绿电交易的唯一性。在可执行性方面，市场出清结果将由电力调度机构进行安全校核，校核将充分考虑电网输送能力、新能源发电能力等约束条件。经安全校核，可以保障绿电交易合同具有物理可执行性。在真实性方面，绿电电量按"三取小"原则进行结算，即按照合同电量、发电企业上网电量、电力用户用电量三者中的最小值结算绿色权益，保障绿电交易电量使用的真实性。在全流程溯源性方面，通过采用区块链技术，对绿电的生产、交易、传输、消费、结算全流程数据进行可信记录，为经营主体生成绿电交易凭证，防止篡改交易和结算结果。

2. 绿证交易机制

我国绿证交易的组织方式主要包括挂牌交易、双边协商、集中竞价等，交易价格由市场化方式形成。绿证既可单独交易，也可随可再生能源电量一同交易。现阶段绿证仅可交易一次。

绿证在符合国家相关规范要求的平台开展交易，目前依托中国绿色电力证书交易平台，以及北京、广州电力交易中心开展绿证单独交易。交易主体在国家绿证核发交易系统建立唯一的实名绿证账户，用于参与绿证核发和交易，记载其持有的绿证情况。国家绿证核发交易系统与各绿证交易平台实时同步待出售绿证和绿证交易信息，确保同一绿证不重复成交。

3.2.2 绿电交易溯源

绿电交易溯源能够帮助消费侧市场主体获取完整、准确的绿电交易链条信息，实现每千瓦时绿电的来源可溯、数量可查、凭证可验，对于提高绿电交易透明度、增强绿电市场认可度、延伸绿色用电数据价值链具有积极意义，是构建可信绿电市场的重要一环。

北京电力交易中心创新提出基于区块链的绿色电力消费信息溯源机制，依托区块链技术记录绿电生产、交易、消费、结算全流程信息，生成绿色电力消费凭证，为市场主体提供绿电交易溯源服务。当市场主体完成绿电交易后，基于区块链的绿色电力消费信息溯源系统会调取绿电溯源信息，包括绿电产出地、发电类型、输电信息、交易信息、结算信息、消纳省份及消纳主体等。相关信息在区块链的多个独立且分散的节点之间实现同步记录，形成完全一致且不可篡改的溯源数据存储体系。这些溯源数据经过编码技术处理后生成独一无二的溯源码，市场主体仅需扫描该溯源码，即可便捷地获取详尽的溯源信息。

为提升绿电的国际认可度，我国在绿电溯源国际标准领域已开展实践并取得了显著进展。2023 年 12 月，我国牵头的电气电子工程师学会（The Institute of Electrical and Electronics Engineers，IEEE）标准《基于区块链的绿电标识应用标准》获批发布。该标准融合了分布式存储、多方共识、标识等先进技术，成功构建了国际通用的绿电标识认证服务体系。2024 年 7 月，我国主导的国际电信联盟（International Telecommunication Union，ITU）标准《基于区块链的绿电消费信息溯源参考架构》正式发布。该标准围绕绿色电力消费信息的溯源过程，明确了对溯源系统基础设施层、核心技术层、数据管理层和应用服务层的相关要求，为国家、地区或相关组织利用区块链技术开展绿色电力消费信息溯源业务提供了参考依据。以上国际标准的制定和发布，对推动绿色电力消费"中国方案"成为国际共识、畅通国际绿色能源消费互认渠道具有重要意义。

3.2.3　绿色电力消费核算

结合国际典型绿色电力消费核算认证机构相关实践经验，我国构建了符合国情的绿色电力消费核算体系，具体包含核算账户、核算方法、核算结果，有效支撑了绿色电力消费核算工作的开展。

1. 绿色电力消费核算账户

绿色电力消费核算账户是指核算主体在电力交易机构设立，用于对绿电交易结算信息，绿证的持有、转移、使用等信息及自发自用可再生能源情况进行记录的专用电子账户。

绿色电力消费账户真实、完整、准确记录核算主体绿色电力消费相关信息；支撑开展绿色电力消费核算，为核算主体提供全面、翔实的绿色电力消费清单，帮助核算主体掌握自身绿色电力消费情况；支持与其他系统交互，通过网络向第三方提供核算结果，支撑核算主体的绿色电力消费主张。账户体系按照功能分为：核算账户、核算子账户、集团账户。

（1）核算账户。核算账户是最基本的核算单元，全面、完整记录核算主体通过绿电交易结算、绿证交易、自发自用可再生能源电力信息及用电量。参与绿电绿证交易的市场主体可直接申请核算账户。

（2）核算子账户。核算子账户用于对核算账户中环境权益的分配，核算主体可在核算账户下设立核算子账户，将通过绿电交易、绿证交易和自发自用可再生能源电力获取的环境权益分配给租赁办公营业场所、产品生产线、具体产品、电动汽车用户等，或声明绿色环境权益归属其他主体。

（3）集团账户。集团账户是根据企业集团、园区等主体申请设立，用于汇总关联账户绿色电力消费信息的账户。核算主体可使用集团账户，根据企业集团的分支机构组织架构、园区的地理范围等，建立集团账户与核算账户、核算子账户的关联关系，汇总绿色电力消费数据，完成对企业集团、园区的整体绿色电力消费核算。

2. 绿色电力消费核算方法

（1）核算范围与周期。绿色电力消费核算服务范围包括用电主体、企业集团、区域（城市、乡镇、园区等），也可对生产产品产业链、供应链绿色电力使用情况进行核算。核算主体自主确定核算范围，根据核算主体确定的范围，依托核算账户收集汇总消费数据。

绿色电力消费核算以月度、年度为基本周期，也可根据核算主体的需求确定。

（2）绿色电力消费认可范围和途径。认可的绿色电力项目种类按照《国家发展改革委　财政部　国家能源局关于做好可再生能源绿色电力证书全覆盖工作　促进可再生能源电力消费的通知》（发改能源〔2023〕1044 号）要求执行。

认可的绿色电力消费途径包括：绿电交易、绿证交易、自发自用可再生能源电力。其中，绿电交易指市场主体以"证电合一"方式购买绿电，同时获得对应的绿证。此部分环境权益计入交易结算对应月份。绿证交易指市场主体（非市场主体）以"证电分离"方式购买绿证，也视为消费了绿色电力。核算主体自主将此部分环境权益分配至对应月份。自发自用可再生能源电力指核算主体通过自建的集中式、分布式电源获得和使用的绿电，同时获得对应绿证。此部分环境权益计入电量生产对应月份。

3. 绿色电力消费核算结果

绿色电力消费核算结果形式包括绿色电力消费清单和报告、绿色电力消费评级标识和授牌等。绿色电力消费核算结果可根据需要和核算主体授权通过网络向第三方提供。

绿色电力消费清单按月、年度向核算主体发布，核算主体可通过在交易平台中设立的账户查询或通过预留邮箱获取。

绿色电力消费核算报告根据核算主体委托一次性或周期性出具，核算报告内容包含核算对象的基本信息、核算范围描述、核算时间段、核算单位、绿色电力消费数据明细和汇总结果以及绿电消费占比等。

绿色电力消费标识按照统一的评价标准，对核算主体在一定时间段内消费绿色电力的水平进行阶梯化评级，核定绿色电力消费水平等级并核发对应级别的标识，支撑政府和金融机构依据评级开展政策和金融支持等。

3.2.4 绿电绿证交易情况

1. 绿电交易总体情况

自 2021 年 9 月绿电交易开展以来，我国绿电交易规模不断扩大。截至 2024 年年底，国家电网有限公司经营区累计绿电交易电量 2188 亿千瓦时（见图 3－1）。排名前十的分别是冀北、浙江、辽宁、江苏、安徽、陕西、上海、天津、北京和四川（见图 3－2），其绿电交易电量占绿电交易总电量的 77%。

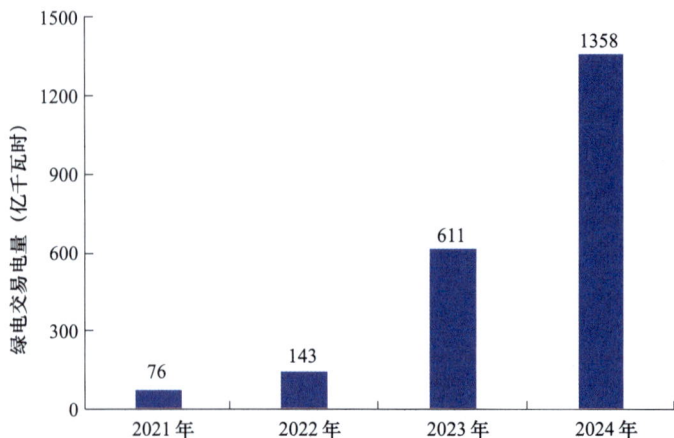

图 3－1　2021—2024 年国家电网有限公司经营区绿电交易情况❶

---

❶ 数据来源：北京电力交易中心。

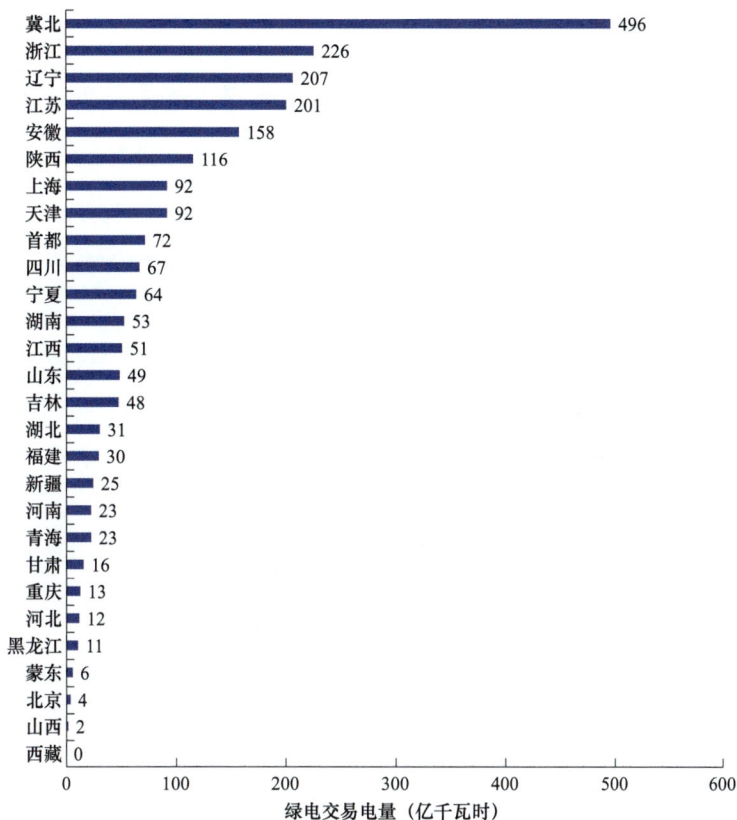

图 3-2　国家电网有限公司经营区各地累计绿电交易情况❶

2. 绿证交易总体情况

自 2022 年 9 月交易机构开展绿证交易以来，截至 2024 年年底，国家电网绿证交易平台累计交易绿证 2.01 亿张，对应电量 2013 亿千瓦时（见图 3-3）。

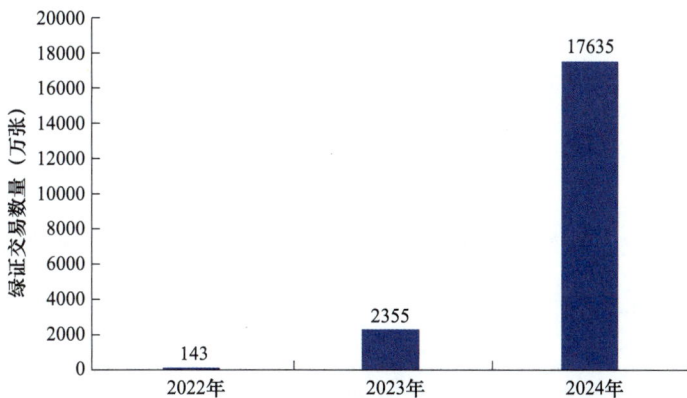

图 3-3　2022—2024 年国家电网绿证交易平台绿证交易情况❷

---

❶ 数据来源：北京电力交易中心。

❷ 数据来源：北京电力交易中心。

从各省交易规模看，截至 2024 年年底，国家电网绿证交易平台绿证交易量排名前十的分别是浙江、上海、青海、宁夏、新疆、陕西、安徽、广东、江苏和湖北，绿证交易量约占绿证交易总量的 88%（见图 3-4）。

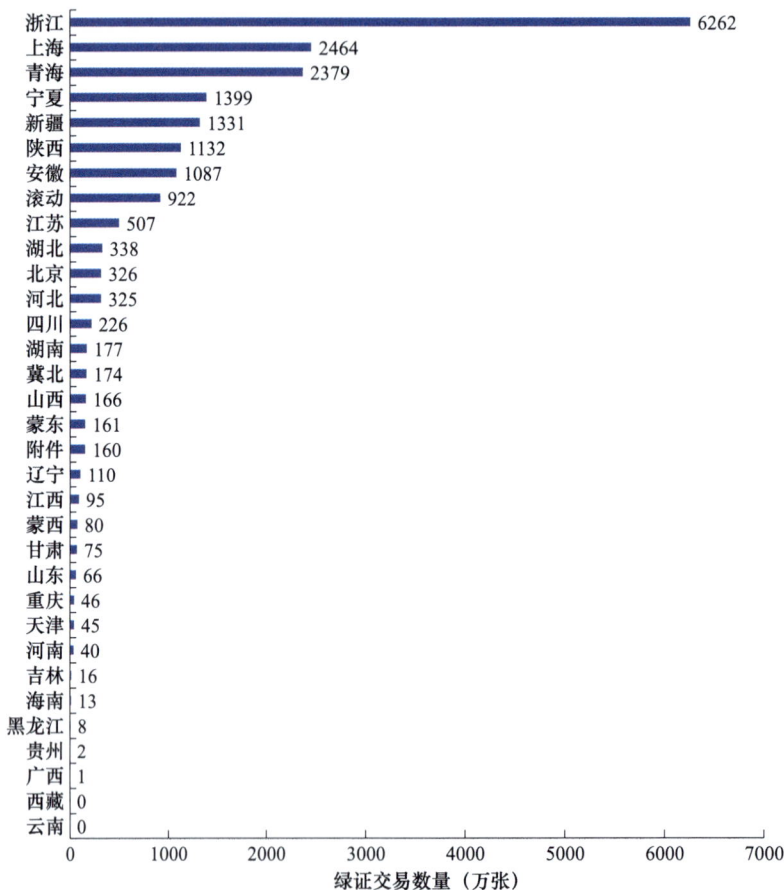

图 3-4 国家电网绿证交易平台绿证购买省份情况❶

国家电网绿证交易平台绿证购方主要分布在售电公司、售电、电力供应、火力发电、制造业、组织管理服务、电气化铁路、其他计算机服务、轻工业、电子器件制造等行业（见图 3-5）。

---

❶ 数据来源：北京电力交易中心。

图 3-5 中的图例：

- 售电公司代理购买
- 售电
- 电力供应
- 火力发电
- 制造业
- 组织管理服务
- 电气化铁路
- 其他计算机服务
- 轻工业
- 电子器件制造
- 其他行业合计

饼图数据标注：0.5%　0.4%　0.4%　2.5%　0.8%　0.9%　1.3%　6.0%　25.1%　61.7%　0.4%

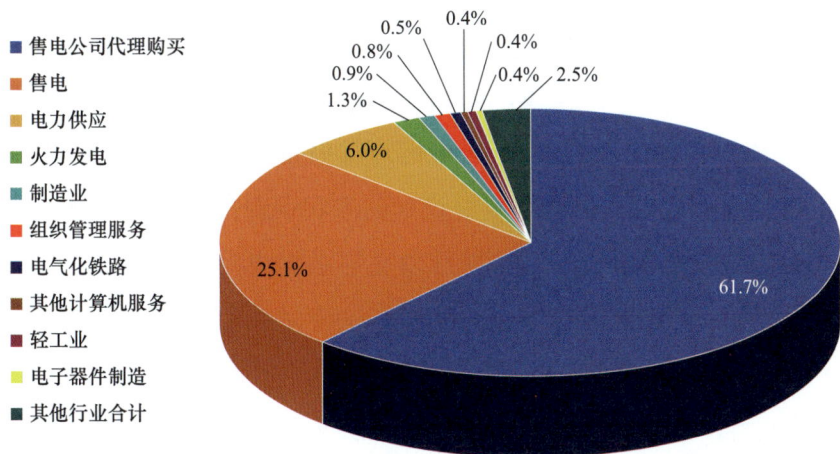

图 3-5　国家电网绿证交易平台绿证购方行业分布情况[1]

3.3　我国绿电绿证交易发展展望

3.3.1　绿电交易向多年期发展

PPA 是指发电企业与购电企业约定，在项目建成后，发电企业按照协议价格为购电企业提供约定电力的一种购电协议。PPA 协议期限通常较长，为 5～20 年。近年来，PPA 已在全球范围内成为推动可再生能源发展的重要工具。据统计，2023 年全球披露的 PPA 签约量再创新高，涉及新能源装机容量达 4600 万千瓦，较 2015 年增长近 10 倍。

PPA 已成为欧美地区促进新能源投资建设和实现企业绿色电力消费的主要手段。从发电侧看，PPA 立足中长期时间维度，由电力用户与新能源企业自主协商确定相对固定的收购价格，为新能源企业提供了稳定的收益预期，更好帮助企业增强投资意愿，促进新能源发展与消纳。从用户侧看，PPA 在碳排放核查、绿色电力消费认定等方面获得广泛认可。国际上越来越多的电力用户希望通过签订 PPA 获得稳定的绿电供给，更好地证明自身绿色电力消费，降低产品全生命周期碳排放。

随着我国绿电绿证交易体系逐步建立，国家发展改革委、国家能源局出台

---

[1] 数据来源：北京电力交易中心。

多项政策，鼓励新能源企业与电力用户签订多年期绿电双边合同。一些市场主体积极探索多年期绿电交易模式，如国家电力投资集团有限公司、中国长江三峡集团有限公司、中国广核集团有限公司等发电企业与巴斯夫、科思创等企业签订 10 年甚至更长周期的绿电购买协议。随着我国新能源装机容量以及企业绿色电力消费的持续快速增长，多年期绿电交易必将成为推动新能源高质量发展的持续动力，为广大电力用户实现低碳转型、应对欧盟碳关税等绿色贸易壁垒提供有力支撑。

2024 年 9 月，北京电力交易中心在调研总结国外 PPA 种类、内容设计和实施经验的基础上，结合我国省间市场、省内市场实际，编制了多年期省间（省内）绿电双边合同参考模板，明确了交易组织、调整、结算及偏差处理等关键环节，进一步规范了协议条款、提升了协议的可执行性，推动多年期绿电交易规范开展。

未来，我国将持续推动绿电交易向多年期发展，进一步完善绿电交易体系，继续扩大绿电交易规模，持续推进绿电交易国际互认，更好满足经营主体绿色电力消费需求，为助力全球能源生产消费绿色低碳转型贡献"中国方案"。

3.3.2 绿电交易向小时级发展

小时级绿电交易是指将绿电交易周期细化至小时级，通过实时匹配发电量和用电量，实现绿电交易的精细化匹配溯源。近年来，谷歌等大型企业提出全天候无碳能源（24/7 Carbon-Free Energy，CFE）目标，推动小时级绿色电力消费，从而更精细化匹配电力消费和零碳生产。

小时级绿电交易在国际上受到关注。从可再生能源发展来看，小时级绿电匹配能满足欧美在能源转型领域对提升可再生能源比重和能源使用效率的迫切需求，对齐可再生能源发电特性和电力用户用电特性之间的偏差，更好地支持可再生能源电力消纳。小时级绿色电力消费相比年度合约具有更精细的匹配度，精细化的绿电匹配溯源具有更高的可信度。

我国目前在积极探索小时级绿电交易机制，逐步试点推广小时级绿电交易。其中，江西电力交易中心创新小时级绿电交易模式，将绿电交易与现货交易有机衔接，促成售电公司与发电企业形成每日小时级的绿电交易合同，将绿电发电项目每小时的上网电量与用户的用电量相匹配，实现每千瓦时绿电可查询、可溯源。北京电力交易中心基于试点开展小时级绿电交易实践，编制《基于区块链的小时级绿电交易技术规范》国际标准，已在电气电子工程师学会标准化协会（IEEE-SA）正式获批立项。标准提出了基于区块链的小时级绿电交易业务流程、总体框架和相关要求，将为绿电交易提供更精细的技术解决方案，进一步满足电力用户多样化绿色电力消费需求。

　　未来，我国将继续探索开展小时级绿电交易，实现绿色电力消费精细化匹配溯源。小时级绿电交易的开展对提升我国绿电国际认可度，有效应对国际绿色贸易规则具有重要意义。

第二篇　交易规则解读

交易规则能够有效保障市场公平性，提高交易透明度，为经营主体提供公开透明的市场环境，防止不正当竞争和欺诈行为。绿电绿证交易规则对维护绿电绿证交易市场秩序和保障经营主体权益至关重要。本篇主要依据《北京电力交易中心绿色电力交易实施细则（2024 年修订稿）》（京电交市〔2024〕59 号）、《国家能源局关于印发可再生能源绿色电力证书核发和交易规则的通知》（国能发新能规〔2024〕67 号）等绿电绿证交易规则文件，对绿电交易的经营主体、交易组织方式、价格机制、合同签订、结算与交割、信息披露和交易平台等方面，对绿证交易的职责分工及交易主体、绿证核发、交易及划转、信息披露、绿证监管、绿证交易平台等方面，进行了详细解读，为经营主体理解交易规则、参与市场交易提供指引。

绿电交易规则

4.1 交易规则导读

2021 年 8 月，《国家发展改革委 国家能源局关于绿色电力交易试点工作方案的复函》（发改体改〔2021〕1260 号）发布，同意国家电网有限公司、中国南方电网有限责任公司开展绿电交易试点，绿电交易试点工作正式启动。

2022 年 5 月，北京电力交易中心在试点交易的基础上，编制印发了《北京电力交易中心绿色电力交易实施细则》，对市场成员、交易品种和交易组织、价格机制、绿电认证等重要内容作出规定。

2023 年上半年，随着国家电网有限公司经营区绿电与绿证交易规模逐步扩大，北京电力交易中心在广泛实践的基础上，于 2023 年 8 月发布《北京电力交易中心绿色电力交易实施细则（修订稿）》，对绿电交易参与方、交易组织方式、交易价格、交易结算、绿证划转、业务流程等内容进行细化。在交易组织方面，优化省间交易流程，明确不同交易方式操作细节，增强灵活性与规范性；价格机制方面，集中竞价交易价格形成与分解原则更明确；合同执行区分现货与非现货市场，规则更清晰；计量结算上，计量点规定清晰，结算依据详细且调整结算电量确定方式；绿证核发划转流程优化；交易平台功能提升，强化信息披露，为绿电交易发展提供更有力支持等。

2024 年 7 月，《国家发展改革委 国家能源局关于印发〈电力中长期交易基本规则—绿色电力交易专章〉的通知》（发改能源〔2024〕1123 号）（以下简称《绿色电力交易专章》），明确加强对各地绿电交易工作指导，按照"省内为主、跨省区为辅"的原则，推动绿电交易有序开展，满足电力用户绿电购买需求。北京电力交易中心依据《绿色电力交易专章》等文件，进一步完善发布了《北京电力交易中心绿色电力交易实施细则（2024 年修订稿）》，在交易方式上，明确省内和省间交易定义，新增合同转让等交易形式，拓展了交易灵活性；细化交易流程，对各周期交易开展方式、多年期合同管理及交易公告发布等有更明确规定；价格机制中，完善绿电环境价值偏差补偿价格确定方式；合同管理方面，明确合同未执行部分价格调整规则；计量结算上，细化结算依据内容，优化电量调整与结算规则等。

本章所指绿电交易规则主要为《北京电力交易中心绿色电力交易实施细则（2024 年修订稿）》（以下简称《细则》，见附录 1）。《细则》共十一章八十一条，内容覆盖了绿电交易的各个环节，为广大经营主体在国家电网有限公司经营区域内参与绿电交易提供重要依据。深入理解掌握《细则》的核心内容和要点，对经营主体顺利参与绿电交易、促进资源优化配置、防范市场风险具有重要意义。

4.2　经　营　主　体

参与绿电交易的经营主体包括发电企业、售电公司、电力用户、聚合商等，在绿电交易市场中扮演着售方、购方两类角色。

4.2.1　发电企业

发电企业是绿电的生产者，担任绿电交易的售方主体，初期主要包括风电和光伏发电企业，后续随着绿电市场的不断发展以及绿证交易核发范围的扩展，发电企业所涵盖的范围或将进一步扩大。

集中式风电和光伏发电企业通常拥有和运营大型风电、光伏发电设施，是绿电交易中的售方主体，将生产的绿电出售给电力市场中的购方，实现经济收益。

分布式风光发电主体通常是一些小型或个体形式的新能源发电设施，如屋顶光伏系统等。由于分布式风光发电主体单独参与电力市场交易面临规模小、交易成本高等问题，建议分布式发电聚合商以发电企业的身份代理他们参与绿电交易，分布式发电主体在同一合同周期内仅可与一家分布式发电聚合商确定服务关系。

《细则》对发电企业开展合同签订、公平接受服务、配合核发绿证、开展信息披露等权利义务作出了规定，帮助发电企业在绿电交易市场中明晰自身应享有的权利和应履行的义务。

合同签订及履约方面，发电企业在绿电交易中，可享受参与绿电交易、合同签订等权利，绿电交易通常采用电子合同要素形式，由"交易承诺书＋交易公告＋交易结果"共同组成。绿电交易合同中须明确交易电量（电力）、电价（含电能量价格和绿色电力环境价值）及绿色电力环境价值偏差补偿等内容，合同内容清晰完整，保障经营主体利益。发电企业要遵守合同避免违约行为，做好电能量的交付，按时完成电能量电费结算以及绿色电力环境价值结算。电子合同模板见图 4-1。

图 4-1 电子合同模板

绿证核发方面，可再生能源发电项目建档立卡是指对并网在运的风电、太阳能发电、常规水电、抽水蓄能和生物质发电等可再生能源项目完成信息登记，并为每个项目生成项目编码的过程。《国家发展改革委 财政部 国家能源局关于做好可再生能源绿色电力证书全覆盖工作促进可再生能源电力消费的通知》（发改能源〔2023〕1044 号），明确建档立卡是可再生能源发电项目绿证核发的前提条件，对已建档立卡的可再生能源发电项目所生产的全部电量核发绿证，并要求按照可再生能源发电项目建档立卡赋码规则设计绿证统一编号。未及时完成建档立卡的可再生能源发电项目，将无法核发绿证。绿证根据可再生能源发电项目每月度结算电量，经审核后统一核发，按规定将相应绿证划转至发电企业或项目业主的绿证账户，并随绿电交易划转至购方账户。

可再生能源发电项目建档立卡依托国家可再生能源发电项目信息管理平台建档立卡系统，通过国家能源局门户网站"在线办事"栏目中的"可再生能源发电项目信息管理系统"进行账号注册、项目建档立卡信息填报等工作。

信息披露方面，参与绿电交易的发电企业需要根据《国家能源局关于印发〈电力市场信息披露基本规则〉的通知》（国能发监管〔2024〕9号）中的相关规定，配合电力交易机构披露一定的市场信息，包括企业基本信息、电厂机组信息、市场交易申报信息、合同信息等，帮助市场实现透明化运作，为其他市场参与者提供参考。同时，发电企业作为市场参与者，有权享受一定的信息披露内容获取权利，包括获取输配电服务、市场交易规则及价格等。

除了上述权利和义务外，发电企业还享有相关法律法规规定的其他权利，同时也需履行国家和地方政府规定的义务，如履行环境保护、能源节约等相关政策，支持可持续发展的目标。发电企业权利义务见图4-2。

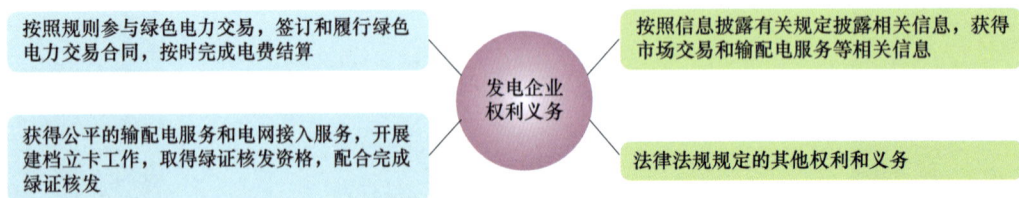

按照规则参与绿色电力交易，签订和履行绿色电力交易合同，按时完成电费结算

按照信息披露有关规定披露相关信息，获得市场交易和输配电服务等相关信息

发电企业权利义务

获得公平的输配电服务和电网接入服务，开展建档立卡工作，取得绿证核发资格，配合完成绿证核发

法律法规规定的其他权利和义务

图4-2 发电企业权利义务

4.2.2 售电公司

售电公司在电力市场中扮演中间商的角色，连接发电企业和电力用户。售电公司根据用户需求代理零售用户参与绿电交易，并根据相关规则进行代理、交易与结算。

在绿电交易中，售电公司代理零售用户参与绿电交易，并通过绿电零售套餐，以电力零售合同方式销售给用户。售电公司的所有绿电交易合同电量均应关联至零售用户。售电公司应在规定时间内，将批发市场绿电交易合同电量关联至与其签订绿电零售合同的零售用户。单个批发合同可与部分零售用户关联，也可与全部零售用户关联。

《细则》对售电公司开展代理参与绿电交易、合同签订、交易信息提供、开展信息披露等权利义务作出了规定，助力售电公司在绿电交易市场中明晰自身应享有的权利和应履行的义务。

代理零售用户参与绿电交易及合同签订方面，售电公司代理零售用户参与绿电交易，承担管理和协调交易的职责，代理零售用户购买绿电。售电公司负责与绿电生产者或供应商签订合同，确保零售用户的电力来源为绿色能源（如风能、太阳能等）。签订的绿电交易合同中需要明确电量、价格（包括电能量价格和绿色电力环境价值）等。同时，售电公司需将从发电企业购买的绿色电量关联到具体的零售用户，确保电力分配的透明性。此外，售电公司需按时完成电费结算，降低双方违约风险，保证交易双方资金流通。

交易信息提供和信息披露方面，售电公司需提供关于零售用户的绿电需求信息及零售用户的用电数据，以便发电企业做好计划安排，提高调度有效性，保障市场稳定。同时，售电公司需根据《国家能源局关于印发〈电力市场信息披露基本规则〉的通知》（国能发监管〔2024〕9号）中的相关规定，披露一定的市场信息，包括企业基本信息、从业人员信息、零售套餐产品信息、履约保函、市场交易申报信息、与代理用户签订的购售电合同信息或者协议信息、与发电企业签订的交易合同信息、批发侧月度结算电量、结算均价等。同时，售电公司有权获得有关市场交易的各种信息，如输配电服务、电力市场价格、市场需求变化等。

除了上述权利和义务外，售电公司还享有法律法规规定的其他权利，同样，也需履行相关法律义务。售电公司权利义务见图4-3。

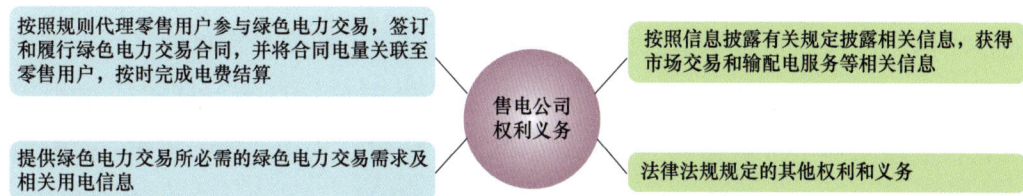

按照规则代理零售用户参与绿色电力交易，签订和履行绿色电力交易合同，并将合同电量关联至零售用户，按时完成电费结算

提供绿色电力交易所必需的绿色电力交易需求及相关用电信息

售电公司权利义务

按照信息披露有关规定披露相关信息，获得市场交易和输配电服务等相关信息

法律法规规定的其他权利和义务

图4-3　售电公司权利义务

4.2.3 电力用户

电力用户包含零售用户和批发用户两种类型。零售用户须在零售市场委托售电公司代理购电，而批发用户通常拥有较大的电力需求量和较强的市场参与能力，可以直接参与绿电交易市场，通过批发市场直接向发电企业购买绿电。

需注意的是，已经选择售电公司代理购电的电力用户不能直接从批发市场进行购电。若电力用户想要转变参与方式，须按照相关规则完成身份转换，并配合提供详细资料，经审核通过后方可转型。

《细则》对电力用户开展绿电交易、合同签订、交易信息提供、开展信息披露等权利义务进行了规定，助力电力用户在绿电交易市场中明晰自身应享有的权利和应履行的义务。

开展绿电交易及合同签订方面，电力用户须按国家或地方的绿电交易规则参与市场，确保交易合法、合规。电力用户有权签订绿电交易合同，合同中需明确电量、电价（包括电能量价格和绿色电力环境价值）等信息，并履行合同中规定的责任，按时完成电费支付，确保交易顺利完成。同时，通过购买和使用绿电，获取绿色电力环境价值，满足电力用户提升国际竞争力，提升企业形象等需求。电力用户在绿电交易完成后，可以通过登录"e-交易"App，点击绿电专区首页-绿证查询，进入绿证查询列表页，查看或下载绿证。

交易信息提供和信息披露方面，电力用户需提供其绿电交易需求及相关用电信息，如预计用电量、用电高峰时段及电量等数据，支撑电力机构有效组织绿电交易。同时，电力用户有责任根据《国家能源局关于印发〈电力市场信息披露基本规则〉的通知》（国能发监管〔2024〕9 号）中的相关规定，披露一定的市场信息，包括企业基本信息、企业用电信息、市场交易申报信息、与发电企业、售电公司签订的购售电合同信息、用电需求信息等。同时，电力用户有权获取与绿电市场相关的信息，如批发市场成交均价、市场需求、输配电服务等。

除上述权利和义务外，电力用户享有法律法规规定的其他权利，也须履行其他法律法规所规定的义务。批发用户权利义务见图 4-4。

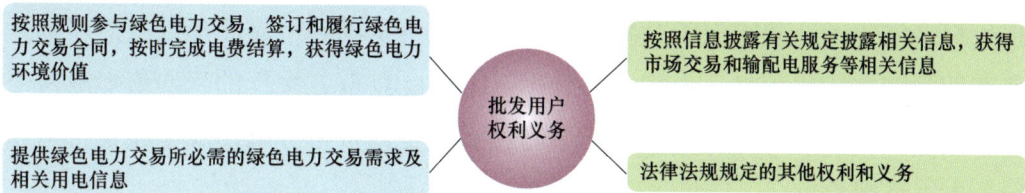

图 4-4 批发用户权利义务

4.3 交易组织方式

《细则》对交易组织方式进行了详细规定，旨在规范市场行为、提高市场透明度，使各类经营主体能够准确把握交易流程，提升市场效率，促进绿电资源优化配置。

4.3.1 交易方式

绿电交易主要包括双边协商交易和集中交易两种方式。其中，集中交易包括集中竞价交易和挂牌交易，可根据市场需要进一步拓展，应满足绿电可追踪溯源的要求。省间绿电交易和省内绿电交易均可按照双边协商、集中交易方式开展。

在双边协商交易中，购售双方基于各自的需求和条件，就交易电量（电力）、价格、绿色电力环境价值偏差补偿方式等关键要素进行直接协商。双方协商一致后，通过电力交易平台完成交易申报和确认流程，最终交易结果在平台上出清，确保绿电产品的可追溯性和绿电交易的合规性。双边协商交易示意图见图 4-5。

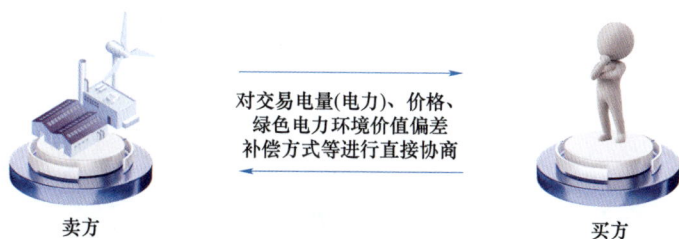

图 4-5 双边协商交易示意图

在集中竞价交易中，所有经营主体在交易平台上提交自己的电量、价格等申报信息，按照报价撮合法出清形成交易结果。交易出清规则：按照整体价格报价撮合法出清，售方报价从低到高、购方报价从高到低排序形成出清序列，依次匹配双方申报价格、电量，撮合出清，以购售双方报价的平均值形成每个交易对的整体交易价格；再按以下原则将整体交易价格分解形成电能量价格与绿色电力环境价值。

（1）绿色电力环境价值统一取交易组织时国家电网经营区平价绿证市场上结算周期成交均价，年度交易使用近 12 个月的绿证市场成交加权均价，月度交易使用交易组织前上月的成交加权均价。绿色电力环境价值取值提前在交易公告中公布。

（2）整体交易价格扣减绿色电力环境价值后形成电量价格。

集中竞价交易适合大规模高效率的交易需求场景，为经营主体提供更加公平、统一的电力交易服务。因此，省间绿电交易多以集中竞价交易方式开展。集中竞价交易示意图见图 4-6。

图 4-6　集中竞价交易示意图

在挂牌交易中，一方经营主体在交易平台上发布电量、价格等挂牌信息，明确出售或采购电力的条件，另一方根据挂牌信息进行摘牌，表示愿意以挂牌价格购买或出售电力，摘牌方与挂牌方进行确认，并完成交易合同的签署和交易手续。挂牌交易示意图见图 4-7。

图 4-7　挂牌交易示意图

需注意的是，无论选择哪种交易方式，都要通过电力交易平台进行申报、确认和出清，确保绿电产品的可追溯性。

《细则》允许经营主体在确保合同各方协商一致且绿电可追踪溯源的前提下，在合同履行过程中对未能履约电量按月或更短周期进行合同转让交易，旨在增加合同履约的灵活性和保障性，促进绿电交易顺利履约。

绿电交易合同转让交易初期，以双边协商方式进行，按照先发电侧、后用电侧的顺序开展。双边协商交易申报时，需要关联原合同，并经原合同相对方同意。合同转让交易完成后，形成绿色电力交易转让合同。依据转让合同，对原绿色电力交易合同进行拆分，形成经营主体新的履约关系。同时，考虑绿电交易的可追溯性，在初期阶段，绿电交易合同的购方和售方仅可分别转让一次。后续条件成熟后，可取消转让次数限制。

此外，《细则》规定分布式发电聚合商在参与批发市场交易前，须首先通过电力交易平台与分布式发电主体建立服务关系，并签订分布式电源售电合同。在同一合同周期内，分布式发电主体只能与一家分布式发电聚合商确定服务关系，确保发电资源的有效管理与利用。

分布式发电主体与分布式发电聚合商之间的售电合同以月为最小周期进行签订。合同内容应包括主体名称、关联户号、合同期限、费用结算方式、偏差处理方式以及违约责任等条款，确保各方权益和交易细节清晰明确。

在批发市场上，分布式发电聚合商以发电企业的身份与电力用户和售电公司开展绿电交易，进行批发侧结算，并承担不平衡资金的分摊责任。此外，分布式发电聚合商的所有绿电交易合同电量必须与分布式发电主体关联，具体要求参照售电公司与零售用户的关联要求执行。

4.3.2　交易流程

按照交易范围划分，绿电交易分为省间绿电交易和省内绿电交易两种。其中，省间绿电交易是指由电力用户或售电公司等通过电力交易平台聚合的方式向非本省网控制区的发电企业购买绿电。省内绿电交易是指由电力用户或售电公司等通过电力直接交易的方式向计入本省网控制区的发电企业购买绿电。

绿电交易优先组织。交易开展前，电力调度机构须提供安全约束条件等，电力交易机构根据安全约束条件、机组发电能力等组织开展交易。

省间、省内绿电交易按照年度（多年）、月度（多月）、月内（旬、周、日滚动）的顺序开展。鼓励发电企业与电力用户签订多年期绿电中长期合同。

省间市场中，多年期绿电交易主要以双边协商方式开展。年度、月度（多月）、月内（旬、周、日滚动）绿电交易原则上以电力交易平台聚合方式通过集中交易开展。推动开展省间多通道集中竞价交易。省内市场中，多年期绿电交易主要以双边协商方式开展。年度绿电交易可通过双边协商、集中交易等方式开展。月度（多月）、月内（旬、周、日滚动）绿电交易可根据市场实际通过集中交易、双边协商等方式开展。绿电交易类型、周期、方式见表4-1。

表4-1　　　　　　　　　　绿电交易类型、周期、方式

交易类型	交易周期	交易方式
省间绿电交易	多年期	双边协商交易
	年度、月度（多月）、月内（多日）	集中交易、双边协商交易
省内绿电交易	多年期	双边协商交易
	年度、月度（多月）、月内（多日）	集中交易、双边协商交易

为购售双方能够灵活应对市场变化，优化绿电交易流程，根据《细则》规定，电力交易机构可以开展年度或多月绿电交易合同的分月电量调整，也可进行年度和月度（或多月）的绿电交易合同转让。值得注意的是，截至2024年，多年期绿电交易合同尚未开展转让交易。

在年度或多月绿电交易合同的执行周期内，购售双方可以通过电力交易平台协商调整未来各月的合同分月电量。虽然可以进行分月电量调整，但调整前后的合同总量必须保持不变。对于开展分时段绿电交易的，调整前后合同的各时段总量也应保持一致。所有调整后的电量需要通过电力调度机构进行安全校核，以确保电网的安全运行。

倘若经营主体就多年期绿电交易合同达成协议，需向电力交易机构提交要约，电力交易机构一旦受理通过，经营主体需在电力交易平台上提交分年交易电量、价格、电力曲线等详细信息，且交易电量至少应细化到年内的各月。电力交易机构将根据市场规则出清交易结果，确保交易的合法性与透明性。

此外，考虑多年期绿电交易合同的执行周期可能受到经济周期波动、产业结构调整和电价政策变动等因素的影响，购售双方可以在保证合同总电量不变的前提下，通过协商调整未来各月的合同分月电量。同时，也可以选择对合同的分月电量进行调增或调减，但年累计调增或调减电量不得超过年度合同总量的 30%。后续可以根据合同执行情况，适时调整调增或调减的幅度。分月电量调整确认后，在具备条件的地区，购售双方可以在协商一致的基础上，在全月电量总量不变的前提下，灵活调整未执行的剩余天数的日电量和电力曲线。多年期绿电交易调整后的电量需通过电力调度机构安全校核。

1. 省间双边协商交易流程

省间双边协商交易分为需求汇总、交易组织和结果发布三个阶段，见图4-8。

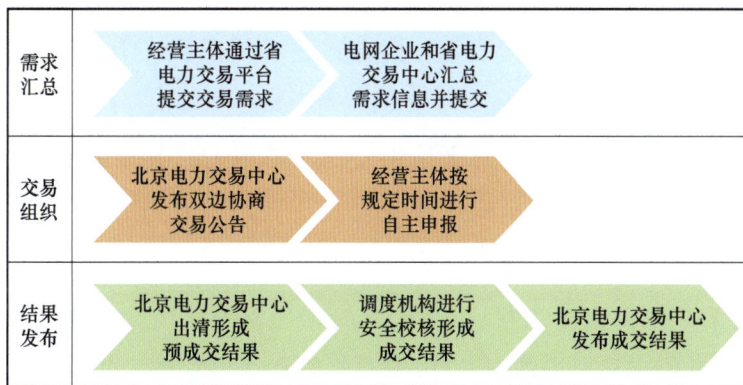

需求汇总	经营主体通过省电力交易平台提交交易需求	电网企业和省电力交易中心汇总需求信息并提交	
交易组织	北京电力交易中心发布双边协商交易公告	经营主体按规定时间进行自主申报	
结果发布	北京电力交易中心出清形成预成交结果	调度机构进行安全校核形成成交结果	北京电力交易中心发布成交结果

图 4-8 省间双边协商交易流程

（1）需求汇总阶段。经营主体通过所在省电力交易平台提交绿电双边协商交易需求。购电省和售电省的电网企业与省电力交易中心合作收集和汇总省间绿电交易需求信息，并在确认后将信息提交至北京电力交易平台。

（2）交易组织阶段。北京电力交易中心根据提交的需求信息，以及省间通道输送能力、送端省送出能力和受端省受入能力等因素，在北京电力交易平台发布省间绿电交易公告，并组织省间双边协商交易。参与交易的主体根据安排自主进行申报。

（3）结果发布阶段。北京电力交易中心汇总交易数据，并通过北京电力交易平台出清形成交易预成交结果，经调度机构完成安全校核后由北京电力交易中心发布成交结果。

2. 省内双边协商交易流程

省内双边协商交易分为交易组织和结果发布两个阶段，见图4-9。

图4-9 省内双边协商交易流程

（1）交易组织阶段。省电力交易中心在本省电力交易平台上发布交易公告，通知经营主体参与双边协商交易。经营主体自主协商，并就交易电量、电能量价格、绿色电力环境价值及其偏差补偿方式达成共识后，于规定时间内在省电力交易平台完成申报。

（2）结果发布阶段。省电力交易中心在本省电力交易平台上进行出清形成交易预成交结果。经省调度机构进行安全校核后，由省电力交易中心发布成交结果。

3. 省间集中竞价交易流程

省间集中竞价交易分为需求汇总、交易组织和结果发布三个阶段，见图4-10。

（1）需求汇总阶段。经营主体通过所在省电力交易平台提交绿电集中竞价交易需求，包括电量（电力）和价格等信息。购电省和售电省的电网企业与省电力交易中心合作收集和汇总省间绿电交易需求信息，并在确认后将信息提交至北京电力交易平台。

（2）交易组织阶段。北京电力交易中心根据提交的需求信息，以及省间通道输送能力、送端省送出能力和受端省受入能力等因素，在北京电力交易平台发布省间绿电交易公告，组织集中竞价交易。参与交易的经营主体根据安排自主在"e-交易"App进行申报，购电省份经营主体的申报信息将通过北京电力交易平台进行聚合，按照《北京电力交易中心跨区跨省电力中长期交易实施细则》集中竞价出清序列的排序规则形成购电省份电网企业申报信息，并统一参与省间集中竞价交易。

（3）结果发布阶段。北京电力交易中心汇总交易数据，并通过北京电力交易平台进行出清形成交易预成交结果，之后经调度机构安全校核后由北京电力交易中心发布成交结果。

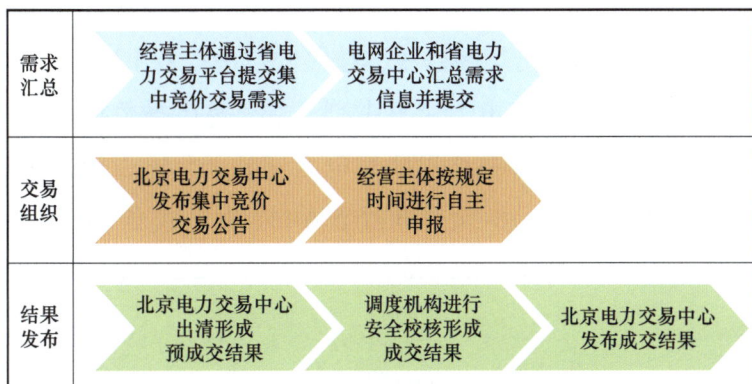

需求汇总	经营主体通过省电力交易平台提交集中竞价交易需求	电网企业和省电力交易中心汇总需求信息并提交	
交易组织	北京电力交易中心发布集中竞价交易公告	经营主体按规定时间进行自主申报	
结果发布	北京电力交易中心出清形成预成交结果	调度机构进行安全校核形成成交结果	北京电力交易中心发布成交结果

图 4-10　省间集中竞价交易流程

4. 省内集中竞价交易流程

省内集中竞价交易分为交易组织和结果发布两个阶段，见图 4-11。

（1）交易组织阶段。省电力交易中心在本省电力交易平台上发布公告，相关经营主体在规定时间内完成申报。

（2）结果发布阶段。省电力交易中心根据申报情况在本省电力交易平台出清形成交易预成交结果。经省调度机构进行安全校核后，由省电力交易中心发布成交结果。

交易组织	省电力交易中心发布集中竞价交易公告	经营主体在规定时间内进行自主申报	
结果发布	省电力交易中心出清形成预成交结果	省调度机构进行安全校核形成成交结果	省电力交易中心发布成交结果

图 4-11　省内集中竞价交易流程

5. 省间挂牌交易流程

省间挂牌交易分为需求汇总、交易组织和结果发布三个阶段，见图 4-12。

（1）需求汇总阶段。经营主体通过所在省电力交易平台提交绿电挂牌交易需求，包括挂牌电量（电力）和挂牌价格等信息。购电省和售电省的电网企业与省电力交易中心共同收集、汇总并确认省间绿电交易需求信息，随后将确认后的信息提交至北京电力交易平台。

（2）交易组织阶段。北京电力交易中心根据提交的需求信息，结合省间通道输送能力、送端省的送出能力和受端省的受入能力等因素，发布省间绿电交易公告并组织挂牌交易。参与交易的主体按照安排进行自主申报。

（3）结果发布阶段。北京电力交易中心汇总交易申报数据，与相关省电力交易中心联合进行电量校核，并通过北京电力交易平台出清形成交易预成交结果，经调度机构安全校核后，由北京电力交易中心发布成交结果。

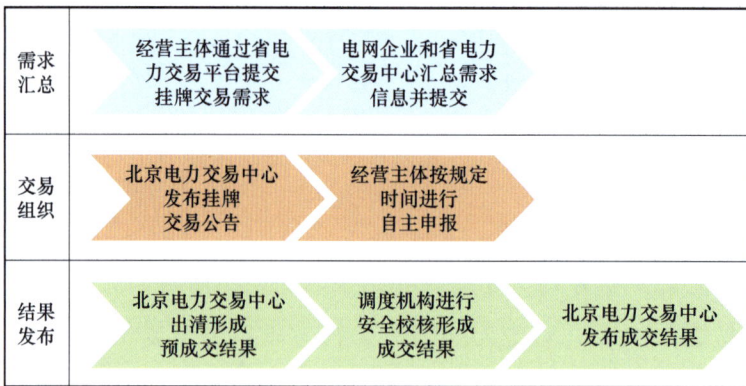

需求汇总	经营主体通过省电力交易平台提交挂牌交易需求	电网企业和省电力交易中心汇总需求信息并提交	
交易组织	北京电力交易中心发布挂牌交易公告	经营主体按规定时间进行自主申报	
结果发布	北京电力交易中心出清形成预成交结果	调度机构进行安全校核形成成交结果	北京电力交易中心发布成交结果

图4-12 省间挂牌交易流程

6. 省内挂牌交易流程

省内挂牌交易分为交易组织和结果发布两个阶段，见图4-13。

交易组织	省电力交易中心发布挂牌交易公告	经营主体在规定时间内进行自主申报	
结果发布	省电力交易中心出清形成预成交结果	省调度机构进行安全校核形成成交结果	省电力交易中心发布成交结果

图4-13 省内挂牌交易流程

（1）交易组织阶段。省电力交易中心发布交易公告，相关经营主体在规定时间内完成申报。

（2）结果发布阶段。省电力交易中心在本省电力交易平台上出清形成交易预成交结果。经省调度机构进行安全校核后，由省电力交易中心发布成交结果。

无论省间交易还是省内交易，《细则》均规定了交易公告应当发布的内容，包括交易标的（含电力、电量和交易周期）、申报起止时间，交易出清方式，电能量价格、绿色电力环境价值形成机制，其他需明确事项。

无论何种交易方式，电力交易机构在完成数据收集汇总后，都须将无约束交易结果提交相关电力调度机构开展安全校核。电力调度机构根据电网安全物理约束及可用通道容量等进行校验，形成安全校核意见。电力交易机构根据调度机构提供的安全校核意见，调整后发布成交结果。

4.4 价 格 机 制

4.4.1 价格形成机制

绿电交易价格由电能量价格和绿色电力环境价值两部分组成，由经营主体通过双边协商、集中交易等市场化方式形成。

双边协商交易中，购售双方自行协商确定绿电交易的整体价格，并明确其中的电能量价格与绿色电力环境价值。电能量价格可以是整体价格或分时段价格，而绿色电力环境价值须在各时段保持一致。

集中竞价交易中，经营主体申报绿电交易的整体价格（包含电能量价格与绿色电力环境价值）。电能量价格，按照报价撮合法出清，以购售双方报价的平均值形成每个交易对的整体交易价格，整体交易价格扣减绿色电力环境价值后形成电能量价格。绿色电力环境价值，统一取交易组织前北京电力交易中心绿证市场成交均价。其中，年度交易使用近 12 个月的绿证市场成交加权均价，月度（月内）交易使用交易组织前上月的成交加权均价，绿色电力环境价值取值提前在交易公告中公布。

挂牌交易方式中，挂牌方申报绿电交易的整体价格（包括电能量价格与绿色电力环境价值），摘牌方根据挂牌信息进行自主摘牌。挂牌方的电能量价格将作为每个交易对的电能量价格。绿色电力环境价值，采用交易组织前北京电力交易中心绿证市场成交均价。其中，年度交易取交易组织近 12 个月的绿证市场成交均价，月度（月内）交易取交易组织前上月绿证市场成交均价，绿色电力环境价值取值提前在交易公告中公布。

转让交易中，合同的出让方与受让方可以自行协商电能量价格，但绿色电力环境价值和相关的偏差补偿条款必须与原合同保持一致。

绿电交易价格形成机制见表4-2。

表4-2　　　　　　　　　　绿电交易价格形成机制

交易方式	电能量价格	绿色电力环境价值
双边协商交易	双方自行协商确定	双方自行协商确定
集中竞价交易	以报价撮合出清形成整体交易价格，扣减绿色电力环境价值后形成电能量价格	统一取交易组织前北京电力交易中心绿证市场成交均价
挂牌交易	以挂牌方挂牌电能量价格为准	统一取交易组织前北京电力交易中心绿证市场成交均价
转让交易	双方自行协商确定	与原合同保持一致

4.4.2　绿色电力环境价值偏差补偿价格

绿色电力环境价值偏差补偿价格是经营主体上网电量或用电量对应的环境价值未达到合同约定要求时，按照偏差量向对方支付违约补偿时的价格标准。

在双边协商交易中，绿色电力环境价值偏差补偿价格由合同双方自行约定，包括购方和售方的偏差补偿价格。在集中交易中，偏差补偿价格按照合同中规定的绿色电力环境价值的一定比例确定。市场初期，对购售双方按同一比例设置，暂定为25%，未来可根据实际情况进行调整，各地也可结合省内市场情况进行具体规定。绿电零售套餐中的绿色电力环境价值偏差补偿方式、价格等，结合各地电力零售市场规则及经营主体零售合同约定执行。绿电环境价值偏差补偿价格见表4-3。

表4-3　　　　　　　　　　绿电环境价值偏差补偿价格

交易方式	绿色电力环境价值偏差补偿价格
双边协商交易	合同双方自行约定
集中交易	市场初期，暂定统一按绿色电力环境价值的25%计算（各地可结合省内市场情况进行确定）
零售套餐	结合各地电力零售市场规则及经营主体零售合同约定执行

4.4.3 用电侧价格

参与绿电交易的电力用户，其用电价格由电能量价格、绿色电力环境价值、上网环节线损费用、输配电价、系统运行费用、政府性基金及附加等构成。其中上网环节线损费用按照电能量价格计算，依据有关政策规则执行；输配电价、系统运行费用、政府性基金及附加，按照国家及地方相关政策规定执行。

4.5 合 同 签 订

为确保各方权责明确，减少交易纠纷，保障市场正常运转，《细则》规定了合同签订要求和合同条款。为帮助经营主体更便捷地开展绿电交易，北京电力交易中心也制定了标准化的多年期绿电交易合同文本和签订流程。

4.5.1 绿电交易合同

绿电交易采用电子合同。经营主体在交易平台签订绿电交易承诺书后申报，由"交易承诺书＋交易公告＋交易结果"共同组成电子合同要素。绿电交易合同中须明确规定交易电量（电力）、电价（含电能量价格和绿色电力环境价值）及绿色电力环境价值偏差补偿等内容，确保合同内容清晰完整，保障经营主体利益。

对于尚未开展现货市场长周期、连续结算试运行或正式运行的省份，在同一交易周期内，发电企业的绿电交易合同电量应在保障电网安全的前提下，由电力调度机构优先安排。已开展现货市场连续结算试运行及正式运行的省份，绿电交易合同按照相关规则执行并结算。

购售双方在协商一致的情况下，可以对绿电交易合同中未执行部分的价格进行调整。

4.5.2 多年期绿电双边协商交易合同

为规范和促进长期省间及省内绿电双边协商交易，通过标准化、形式化的合同模板，提高交易的透明度和效率，北京电力交易中心编制了《多年期省间绿色电力双边协商交易合同参考模板》（见附录 3）、《多年期省内绿色电力双边协商交易合同参考模板》（见附录 4），为经营主体提供标准化框架，供经营主体参考。

《多年期省间绿色电力双边协商交易合同参考模板》《多年期省内绿色电力双边协商交易合同参考模板》均由十五章内容组成，包括定义和解释、各方陈述、各方的权利和义务、合作模式、协议电量及分解、交易电价、交易申报、结算和支付、合同变更与转让、合同违约和补偿、合同解除、不可抗力、免责事件、争议的解决以及其他。本部分主要从第五章（协议电量及分解）和第六章（交易电价）两个章节进行重点介绍。

为满足购售双方多样化的交易需求，第五章进行了协议电量及分解的规定，提供四种协议电量确认方式，分别为：① 仅确定年度电量方式；② 约定电量带曲线方式；③ 约定分时电量方式；④ 全额消纳方式。经营主体可以根据实际情况和需求，在双方协商一致的前提下，在合同签订时选择电量确认方式。

为方便经营主体更灵活地选择适合自身需求的价格策略，平衡市场风险和收益，第六章提出灵活的交易电价方式，将交易电价分为电能量交易价格和绿色电力环境价值价格两个部分，分别进行约定，经营主体可以根据需要选择不同的定价方式。针对电能量交易价格，经营主体有三种选择方式：① 全时段固定价格；② 分时段固定价格；③ 分时段浮动价格。针对绿色电力环境价值价格部分，经营主体也有三种方式可以选择：① 单一固定价格；② 分期固定价格；③ 分期浮动价格。

4.6　结 算 与 交 割

《细则》对绿电交易结算和绿证划转进行了规定，旨在通过明确绿电交易结算方式，提升市场透明度和数据准确性，降低信息不对称风险，为经营主体提供公平的交易环境。《细则》通过规范的绿证划转流程保障经营主体权益，确保绿证的真实性和可追溯性，提高市场稳定性，推动绿电、绿证交易市场持续健康发展。

4.6.1　绿电交易结算

绿电交易按照相关中长期交易规则优先结算。电力交易机构负责向经营主体、电网企业出具绿电交易结算依据（其中电能量费用部分次月结算，绿色电力环境价值费用部分次次月结算），纳入经营主体交易结算单按月发布，经营主体进行确认。电网企业按照电力交易机构出具的绿色电力交易结算依据，开展最终电费结算，并在用户电费账单中单列绿色电力环境价值电量、价格及费用。

《细则》中明确绿电交易电能量与绿色电力环境价值分开结算，对电力交易机构所出具的绿电结算依据须包含实际结算电量、绿电交易合同电量、电价等内容，见图4-14。

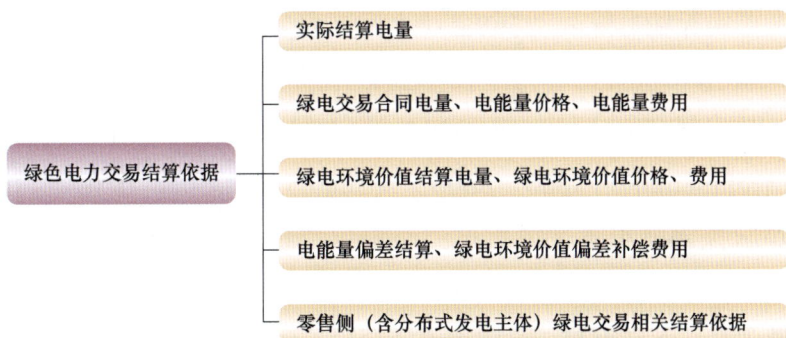

图 4-14　绿电交易结算依据内容要求

省间绿电交易电能量部分按照省间实际物理计量电量进行结算。省内绿电交易结算按各省绿电交易规则开展结算。现货市场运行的地区按照现货规则进行结算。

绿色电力环境价值按当月合同总电量（按购方所在节点确定，省间交易还应考虑实际输电量）、发电企业上网电量、电力用户用电量三者取小的原则确定结算量（以兆瓦时为单位取整数）。

发电企业的绿色电力环境价值偏差量，为其对应到该合同的上网电量相应的环境价值少于合同约定的部分。电力用户、售电公司的绿色电力环境价值偏差量，为其对应到该合同的用电量相应的环境价值少于合同约定的部分。以兆瓦时为单位取整造成的尾差，不计入偏差量。

对于绿色电力环境价值偏差补偿费用按照合同约定的偏差补偿价格和绿色电力环境价值偏差量计算，由违约方向合同对方支付补偿费用。其中因安全运行原因，导致发、用双方未能足额履约，双方均不承担相应责任，或在绿电交易合同中另行明确责任。

1. 绿电交易结算方式示例

（1）情形 1：合同电量为 6000 兆瓦时，上网电量为 5000 兆瓦时，用电量为 8000 兆瓦时。

电能量结算：按照"照付不议、偏差结算"开展结算，其中，结算电量为合同电量，即 6000 兆瓦时，结算电费 = 结算电量 × 结算电价 = 6000 × 451 = 2706000（元）。

绿色电力环境价值结算：按当月合同总电量（按购方所在节点确定，省间交易还应考虑实际输电量）、发电企业上网电量、电力用户用电量三者取小的原则确定结算量（以兆瓦时为单位取整数，发电侧上网电量尾差部分滚动至次月核算、核发绿证）。因此，环境权益部分电量 = min（合同电量，上网电量，用电量）= min（6000，5000，8000）= 5000（兆瓦时），绿色电力环境价值结算 = 环境权益部分电量 × 绿色电力环境权益价值 = 5000 × 20 = 100000（元）。

绿色电力环境价值偏差结算：因上网电量＜合同电量，发电企业绿色电力环境价值偏差量 = 合同电量 − 上网电量 = 6000 − 5000 = 1000（兆瓦时），偏差结算电费 = 偏差电量 × 售方偏差补偿价格 = 1000 × 65 = 65000（元）。

（2）情形 2：合同电量为 6000 兆瓦时，上网电量为 5000 兆瓦时，用电量为 4000 兆瓦时。

电能量结算：与情形 1 相同，按照"照付不议、偏差结算"开展结算，结算电量为 6000 兆瓦时，结算电费 = 6000 × 451 = 2706000（元）。

绿色电力环境价值结算：在情形 2 中，环境权益部分电量 = min（合同电量，上网电量，用电量）= min（6000，5000，4000）= 4000（兆瓦时），绿色电力环境价值结算 = 4000 × 20 = 80000（元）。

绿色电力环境价值偏差结算：由于上网电量＜合同电量，发电企业绿色电力环境价值偏差量 = 6000 − 5000 = 1000（兆瓦时），偏差结算电费 = 1000 × 65 = 65000（元）。同时，用电量＜合同电量，电力用户绿色电力环境价值偏差量 = 6000 − 4000 = 2000（兆瓦时），偏差结算电费 = 2000 × 30 = 60000（元）。根据购方实际用电量和售方实际上网电量均少于合同电量时，双方按约定互相补偿的原则，在此情形中，发电企业需向电力用户补偿 5000 元。

2. 结算单解读

电力交易结算单是电力交易机构向经营主体出具的交易结算依据，主要包括结算电量、结算价格、结算电费等。电网公司在此基础上加上输配电价、系统运行费用、政府性基金及附加等费用，形成电费账单。交易结算单示例见图 4－15。

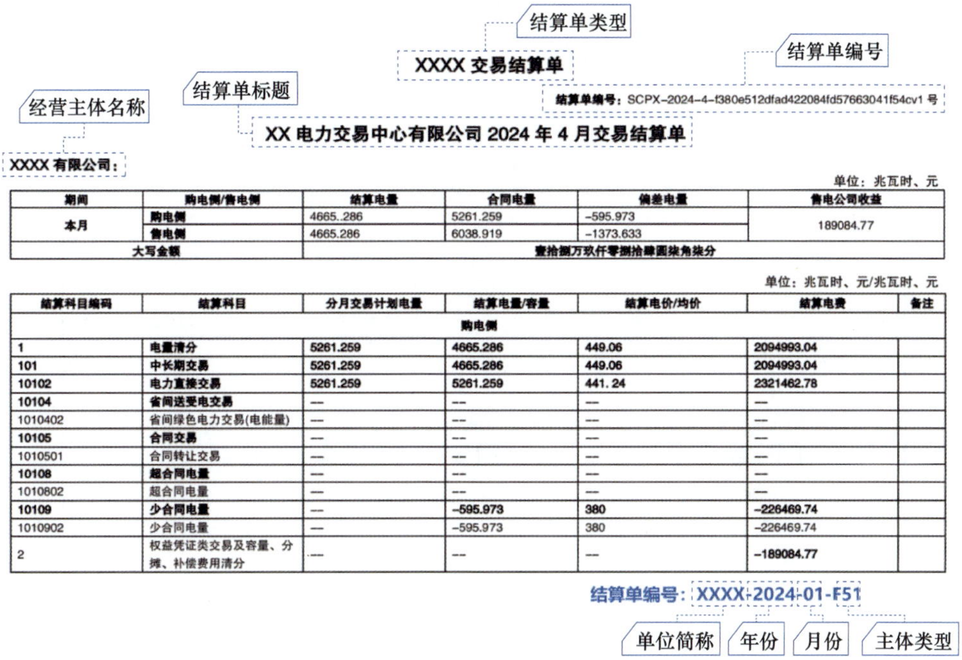
结算单类型
结算单编号
结算单标题
经营主体名称

XXXX 交易结算单

结算单编号：SCPX-2024-4-f380e512dfad422084fd57663041f54cv1 号

XX 电力交易中心有限公司 2024 年 4 月交易结算单

XXXX 有限公司：

单位：兆瓦时、元

期间	购电侧/售电侧	结算电量	合同电量	偏差电量	售电公司收益
本月	购电侧	4665..286	5261.259	-595.973	189084.77
	售电侧	4665.286	6038.919	-1373.633	
大写金额		壹拾捌万玖仟零捌拾肆圆柒角柒分			

单位：兆瓦时、元/兆瓦时、元

结算科目编码	结算科目	分月交易计划电量	结算电量/容量	结算电价/均价	结算电费	备注
购电侧						
1	电量清分	5261.259	4665.286	449.06	2094993.04	
101	中长期交易	5261.259	4665.286	449.06	2094993.04	
10102	电力直接交易	5261.259	5261.259	441. 24	2321462.78	
10104	省间送受电交易	—	—	—	—	
1010402	省间绿色电力交易(电能量)	—	—	—	—	
10105	合同交易	—	—	—	—	
1010501	合同转让交易	—	—	—	—	
10108	超合同电量	—	—	—	—	
1010802	超合同电量	—	—	—	—	
10109	少合同电量	—	-595.973	380	-226469.74	
1010902	少合同电量	—	-595.973	380	-226469.74	
2	权益凭证类交易及容量、分摊、补偿费用清分	—	—	—	-189084.77	

结算单编号：XXXX-2024-01-F51
单位简称
年份
月份
主体类型

图 4－15　交易结算单示例

结算单中的汇总表可以看到总体费用，汇总表表头的每项内容详细说明如图 4－16 所示。

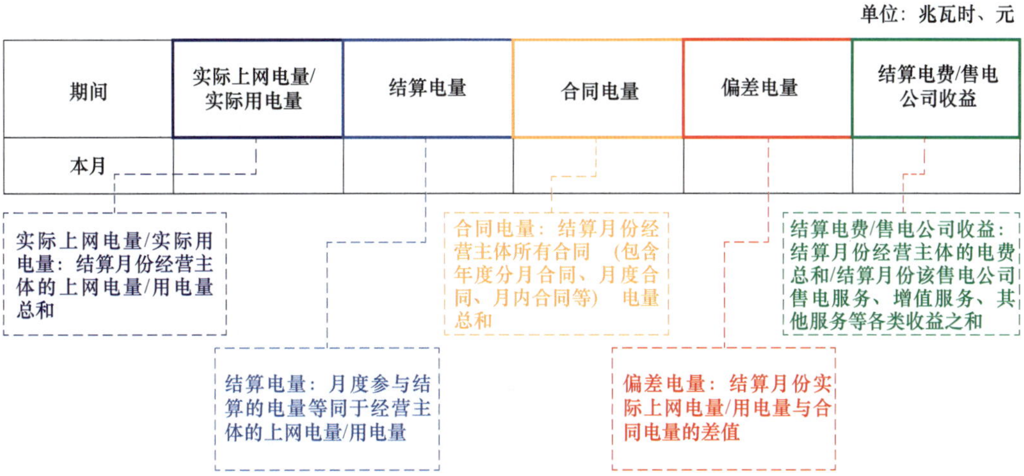
单位：兆瓦时、元
期间
实际上网电量/实际用电量
结算电量
合同电量
偏差电量
结算电费/售电公司收益
本月
实际上网电量/实际用电量：结算月份经营主体的上网电量/用电量总和
结算电量：月度参与结算的电量等同于经营主体的上网电量/用电量
合同电量：结算月份经营主体所有合同（包含年度分月合同、月度合同、月内合同等）电量总和
偏差电量：结算月份实际上网电量/用电量与合同电量的差值
结算电费/售电公司收益：结算月份经营主体的电费总和/结算月份该售电公司售电服务、增值服务、其他服务等各类收益之和

图 4－16　结算单汇总表表头

4.6.2 绿证划转

在绿电交易中，为相关经营主体进行绿证划转须以绿电交易合同、执行、结算等信息为依据，确保绿色电力的消费得到准确记录和认证，从而满足消费者对于绿电的需求，促进绿电市场健康发展。

绿电交易中绿证的核发与划转流程见图 4-17。

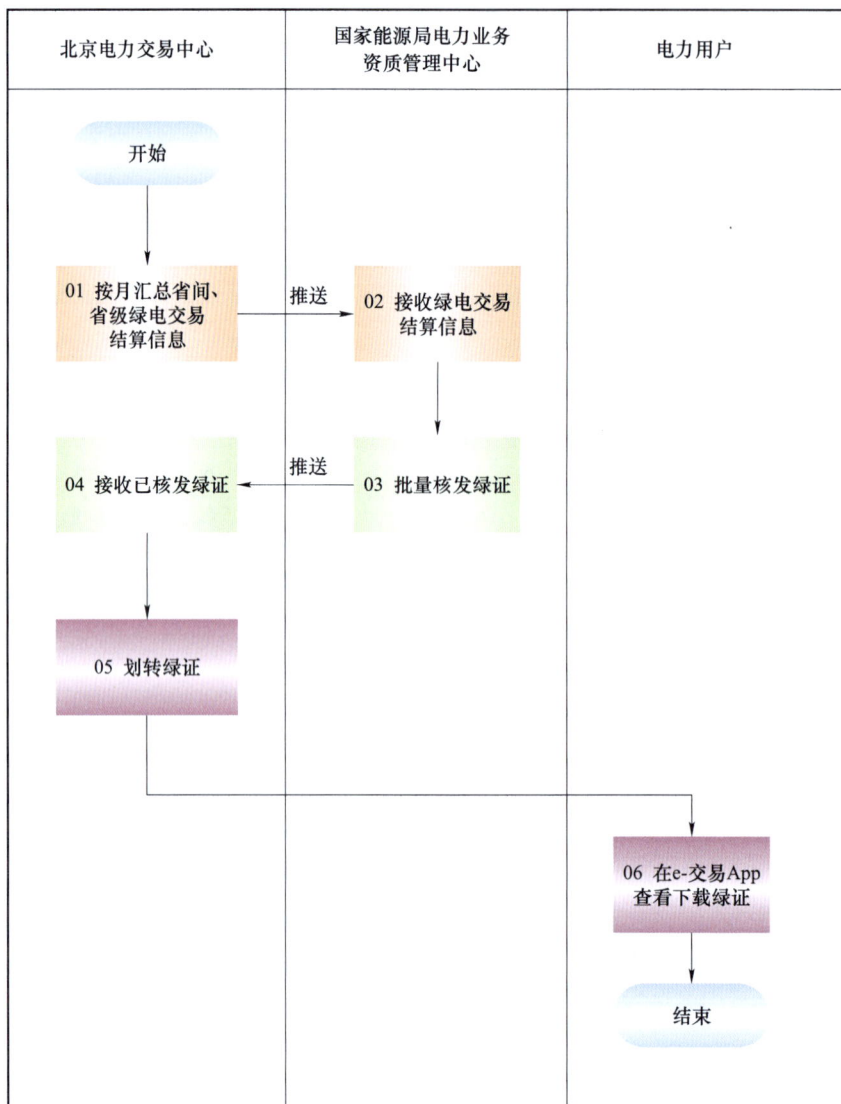

图 4-17　绿证核发与划转流程

北京电力交易中心依托区块链技术可靠记录绿电交易、合同、结算等全业务环节信息，保证绿电交易全生命周期的数据溯源。根据经营主体的需要，依据绿电交易全业务环节信息，为其提供参与绿电交易相关证明，见图 4 – 18。

图 4 – 18　绿色电力证书交易凭证示例

4.6.3　绿色电力消费凭证

北京电力交易中心通过区块链智能合约和司法级数据存证，对每千瓦时电能的绿色属性进行溯源和认证，实现绿电的生产、交易、传输、消费、结算等各个环节链上记录，生成符合交易、审查规范的区块链绿色电力消费唯一证明，如图 4 – 19 所示。经营主体可以通过"e – 交易"App 绿证查询菜单进行绿色电力消费凭证查询，通过扫码查看绿电生产、交易等全生命周期数据，实现绿电交易全过程溯源可查、可信、可验。绿色电力消费凭证为用户提供绿色电力消纳认证，有效引导全社会形成主动消费绿电的共识，激发供需双方潜力，加快绿色能源发展，推动我国能源清洁低碳转型。

图 4-19　绿色电力消费凭证示例

4.7　信　息　披　露

绿电交易信息披露遵循安全、真实、准确、完整、及时、易于使用的原则，信息披露主体需要对其披露信息的真实性、准确性、完整性、及时性负责。

绿电交易信息披露内容主要包括绿电交易申报及成交情况、绿电交易结算情况。绿电交易申报及成交情况披露的内容包括参与的主体数量、申报电量、成交的主体数量、最终成交总量、成交均价。绿电交易结算情况披露的内容包括绿电交易结算电量、平均电价、本月结算上月应划转电量。

电力交易机构一方面负责通过电力交易平台发布绿电交易相关的各种信息，另一方面负责为经营主体创造良好的信息披露条件。

电力交易平台和"e-交易"App 同时开设信息披露专区，设立首页、政策规则、标准规范、市场运营、成员信息等栏目，为经营主体提供便捷的信息获取渠道，有效降低信息获取成本和难度，提高信息披露效率和效果，帮助吸引更多经营主体参与绿电交易，推动绿电交易市场的发展。

4.8　交　易　平　台

绿电交易平台是支撑绿电交易开展的技术支持系统，当前国内在运平台有北京电力交易中心绿电交易平台、广州电力交易中心绿电交易平台及内蒙古电力交易中心绿电交易平台，三者分别支撑国家电网有限公司经营区、南方电网经营区以及内蒙古西部经营区的绿电交易，共同推动全国绿电交易的开展。

以北京电力交易中心绿电交易平台为例，平台利用区块链技术，全方面记录绿电交易、合同、结算等业务环节信息，保证绿电交易全生命周期的数据溯源，同时运用多重安全认证技术，确保经营主体的注册账号和交易信息的安全性。绿电交易可通过电力交易平台和"e–交易"App 开展。其中，电力交易平台主要面向 PC 端用户，"e–交易"App 则面向移动端用户，共同为经营主体提供全面的绿电交易服务，支持交易公告查看、绿电交易申报、交易结果查询、合同管理及结算结果查询等。"App + PC"的构建，帮助经营主体在不同使用场景下都能够高效、灵活地参与绿电交易。

电力交易机构负责平台运营与绿电交易组织工作，经营主体通过平台参与绿电交易业务。调度机构负责对预成交结果进行安全校核、产生最终成交结果，并由电力交易机构在平台上进行发布。电力交易机构和电力调度机构相互配合、相互支撑，共同促进和保障绿电交易持续健康发展。

5

绿 证 交 易 规 则

5.1 交 易 规 则 导 读

    绿证交易规则旨在规范绿证交易市场，为绿证交易工作的有序开展提供制度保障。2022年，《国家发展改革委　国家能源局关于推动电力交易机构开展绿色电力证书交易的通知》（发改体办〔2022〕797号）提出，推动电力交易机构开展绿证交易。《北京电力交易中心绿色电力证书交易实施细则（试行）》构建了国家电网有限公司经营区域内绿证交易市场的整体框架，为经营主体开展绿证交易提供了基本依据。广州电力交易中心发布《南方区域绿色电力证书交易实施细则（2023年版）》，健全了广东、广西、云南、贵州、海南等南方五省区统一的绿证交易机制。2024年，《国家能源局关于印发〈可再生能源绿色电力证书核发和交易规则〉的通知》（国能发新能规〔2024〕67号）明确了绿证核发的职责分工，完善了绿证交易规则体系。

    本章依据《国家能源局关于印发〈可再生能源绿色电力证书核发和交易规则〉的通知》（国能发新能规〔2024〕67号）（见附录2）和《北京电力交易中心绿色电力证书交易实施细则（试行）》，介绍绿证交易职责分工及交易主体、绿证核发、交易及划转、信息披露、绿证监管及绿证交易平台等内容。绿证交易市场售方通过出售绿证，可以获得独立于可再生能源电能量价值的额外绿色环境收益；绿证交易市场购方通过购买绿证不仅能声明自身的绿色权益，还能够增强市场竞争力、提升社会形象。绿证交易的发展将加速能源结构的优化升级，从而推动能源消费绿色低碳转型。

5.2 绿证交易职责分工及交易主体

5.2.1 职责分工

购方可通过参加绿电交易获得绿证，也可以直接通过绿证单独交易购买绿证，本章着重介绍绿证单独交易的内容。目前绿证交易市场主要交易平价绿证。

在绿证从核发、交易、划转到核销的整个生命周期中，各政府机构、电网企业、电力交易机构各司其职，共同构建了绿证交易市场体系。国家能源局负责绿证具体政策设计，制定核发交易相关规则，指导核发机构和交易机构开展具体工作；国家能源局电力业务资质管理中心具体负责绿证核发工作；电网企业、电力交易机构、国家可再生能源信息管理中心配合做好绿证核发工作，为绿证核发、交易、应用、核销等提供数据和技术支撑；绿证交易机构按相关规范要求负责各自绿证交易平台建设运营，组织开展绿证交易，并按要求将交易信息同步至国家绿证核发交易系统。具体职责分工见表5-1。

表5-1 绿证交易机构及职责分工

机构	职责
国家能源局（新能源和可再生能源司）	负责绿证具体政策设计、制定核发交易相关规则、指导核发机构和交易机构开展具体工作
国家能源局（电力业务资质管理中心）	具体负责绿证核发工作
国家可再生能源信息管理中心	配合做好绿证核发工作，为绿证核发、交易、应用提供技术支撑
绿证交易机构（北京电力交易中心、广州电力交易中心、国家可再生能源信息管理中心）	负责按照相关规范要求搭建绿证交易平台，支撑绿证交易、结算、交割、信息披露等工作，将交易信息同步至国家绿证核发交易系统

5.2.2 交易主体

绿证交易主体包括售方和购方。售方为已在国家可再生能源发电项目信息管理平台完成发电项目建档立卡的发电企业或项目业主。售方可根据需求自主选择绿证售卖渠道，由国家能源局据此批量划转绿证至各交易机构，售方将划转的绿证商品上架至各绿证交易平台进行售卖。售方为符合国家有关规定的法人、非法人组织及自然人。购售双方除自主参加交易外，还可委托售电公司等代理机构参与绿证核发和交易。

已在电力交易平台注册生效的经营主体，登录绿证交易平台即可参与绿证交易；由电网企业代理购电的经营主体，以及未在电力交易平台注册的经营性用户、政府机关、事业单位、非政府组织等其他有绿证购买需求的用户，需通过绿证交易平台履行绿证市场注册程序，提供包括但不限于以下信息和材料：法人资格信息（包括工商注册信息、法定代表人信息、银行开户信息等）及证明、经营场所信息及证明、入市承诺书等。

5.3 绿 证 核 发

自 2021 年 9 月我国正式启动绿电交易试点工作以来，越来越多的市场主体积极响应，绿证核发与交易规模不断扩大，截至 2024 年 10 月，国家能源局已累计核发绿证 35.51 亿个。

交易主体参与绿证核发和交易需先在国家绿证核发交易系统建立唯一的实名绿证账户，用于记载其通过核发和交易获得的绿证的持有情况。其中，售方在国家可再生能源发电项目信息管理平台完成可再生能源发电项目建档立卡后，在国家绿证核发交易系统注册绿证账户，注册信息自动同步至各绿证交易平台。购方可在国家绿证核发交易系统注册绿证账户，也可通过任一绿证交易平台提供注册相关信息，注册相关信息自动推送至国家绿证核发交易系统并生成绿证账户。注册绿证账户流程见图 5-1。

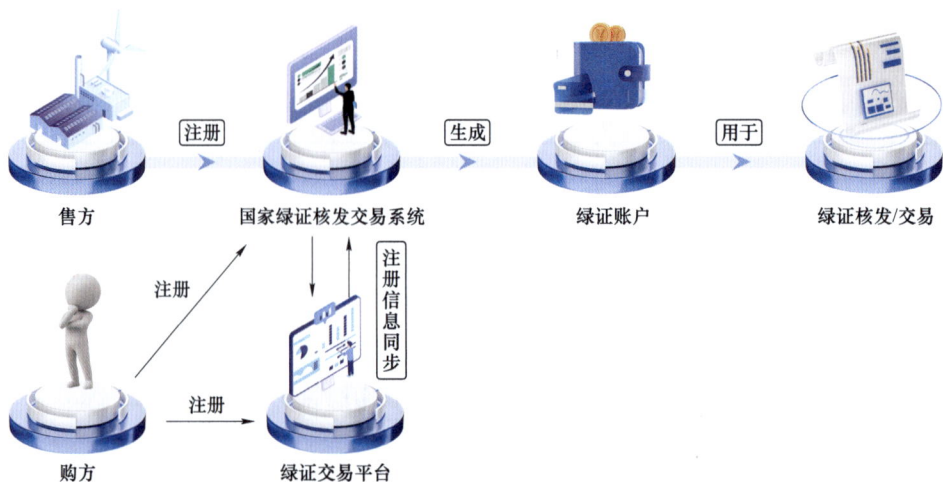

图 5-1 注册绿证账户流程

交易主体注册绿证账户时应按要求提交营业执照或国家认可的身份证明等材料，并保证账户注册申请资料真实完整、准确有效。其中售方还须承诺仅申领中国绿证、不重复申领其他同属性凭证，防止绿色环境权益价值被重复计算。当注册信息发生变化时，交易主体应及时提交账户信息变更申请。账户可通过原注册渠道申请注销，注销后交易主体无法使用该账户进行相关操作。

除交易主体自主建立绿证账户外，国家绿证核发交易系统统一开设 31 个省（自治区、直辖市）、新疆生产建设兵团的省级专用账户，由各省级发改能源主管部门统筹管理，用于参与绿证交易和接受无偿划转的绿证。国家能源局电力业务资质管理中心可依据补贴项目参与绿电交易相关要求设立相应的绿证专用账户。

国家能源局根据已建档立卡可再生能源发电项目的电量按月统一核发绿证，1 个绿证单位对应 1000 千瓦时可再生能源电量，不足核发 1 个绿证的当月尾差电量结转至次月，依次累计。

绿证核发范围主要包含风电（含分散式风电和海上风电）、太阳能发电（含分布式光伏发电和光热发电）、常规水电、生物质发电、地热能发电、海洋能发电等可再生能源发电项目所生产的全部电量。对风电、太阳能发电、生物质发电、地热能发电、海洋能发电等可再生能源发电项目上网电量，以及 2023 年 1 月 1 日（含）以后新投产的完全市场化常规水电项目上网电量，核发可交易绿证。对项目自发自用电量和 2023 年 1 月 1 日（不含）之前的常规存量水电项目上网电量，现阶段核发绿证但暂不参与交易，可交易绿证核发范围后续将动态调整。绿证核发明细见图 5-2。

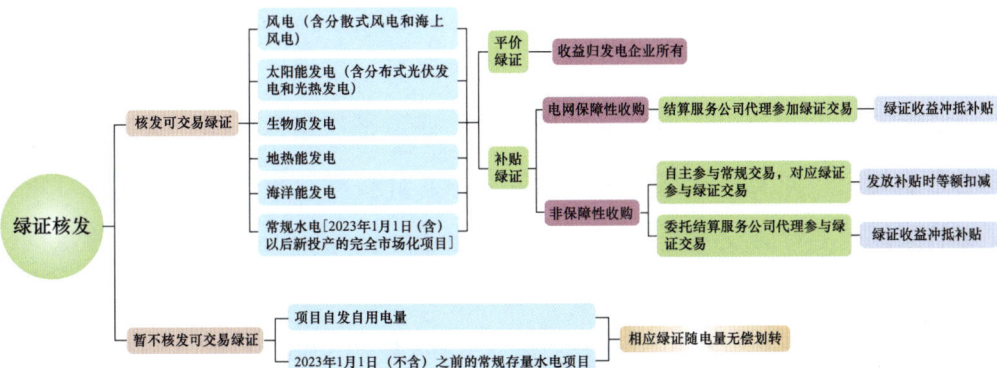

图 5-2　绿证核发明细

可交易绿证除用作可再生能源电力消费凭证外，还可通过参与绿证交易在发电企业和用户间有偿转让。

绿证核发原则上以电网企业、电力交易机构提供的数据为基础，与发电企业或项目业主提供的数据相核对，以保障绿证核发数据的准确性。电网企业、电力交易机构在每月 22 日前，通过国家绿证核发交易系统推送绿证核发所需上月电量信息。对于电网企业、电力交易机构无法提供绿证核发所需信息的，发电企业或项目业主可自主申报数据及提供相关材料，由国家可再生能源信息管理中心初核，再由国家能源局电力业务资质管理中心复核后核发相应绿证。

对于自发自用等电网企业无法提供绿证核发所需电量信息的，可再生能源发电企业或项目业主可直接或委托代理机构提供电量信息，并附电量计量等相关证明材料，还应定期提交经法定电能计量检定机构出具的电能量计量装置检定证明。

5.4 交 易 及 划 转

绿证可单独交易，即"证电分离"，也可随可再生能源电量一同交易，并在交易合同中单独约定绿证数量、价格及交割时间等条款，即"证电合一"。绿证单独交易与绿电交易不同，没有省间和省内交易的区分，不受地理范围的约束，有绿证购买需求的用户可与全国任意地区的可再生能源发电企业或项目业主开展绿证交易。

5.4.1 交易方式

绿证单独交易组织方式包括挂牌、双边协商、集中竞价等。目前以挂牌、双边协商交易方式为主。为防范市场炒作，保障平稳运行，同一绿证暂只可在发电企业与用户间交易一次，交易达成后不允许将绿证再次转售，国家绿证核发交易系统与各绿证交易平台实时同步待出售绿证和绿证交易信息，确保同一绿证不重复成交。

绿证交易市场开市时间为每个工作日的 9:00—15:00。目前，开市期间市场主体可参与双边协商交易和挂牌交易，集中竞价交易暂未开展。

1. 双边协商交易

购售双方可通过线下自主协商确定绿证交易的数量和价格，并通过选定的绿证交易平台完成交易和结算。对于合作需求稳定的交易双方，鼓励其签订中长期双边交易合同，提前约定双边交易的绿证数量、价格及交割时间等。双边协商交易流程见图5-3。

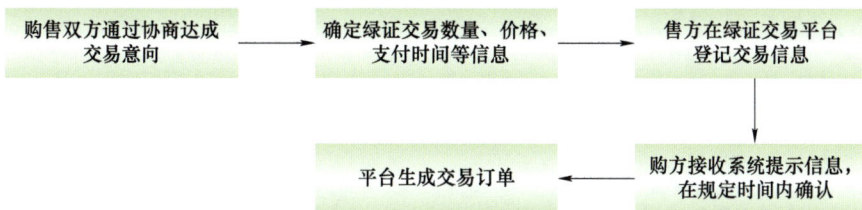

```
┌──────────────┐      ┌──────────────┐      ┌──────────────┐
│购售双方通过协商达成│ ───→ │确定绿证交易数量、价格、│ ───→ │售方在绿证交易平台  │
│   交易意向    │      │  支付时间等信息  │      │   登记交易信息   │
└──────────────┘      └──────────────┘      └──────────────┘
                                                    │
                                                    ↓
┌──────────────┐      ┌──────────────┐
│  平台生成交易订单  │ ←─── │ 购方接收系统提示信息，│
│              │      │ 在规定时间内确认  │
└──────────────┘      └──────────────┘
```

图5-3　双边协商交易流程

2. 挂牌交易

售方可同时将拟出售绿证的数量和价格等相关信息在多个绿证交易平台挂牌，购方通过自愿摘牌的方式完成绿证交易和结算。挂牌交易流程见图5-4。

```
┌──────────────┐      ┌────────┐      ┌────────┐      ┌────────┐
│售方通过绿证交易平台 │ ──→ │ 购方进行  │ ──→ │确认后交易  │ ──→ │ 平台生成  │
│申报拟出售绿证量、  │     │ 摘牌、确认 │     │   达成   │     │ 交易订单  │
│价格等挂牌信息    │     │        │     │        │     │        │
└──────────────┘      └────────┘      └────────┘      └────────┘
```

图5-4　挂牌交易流程

3. 集中竞价交易

集中竞价交易通过绿证交易平台开展，由参与交易的所有售方申报出售绿证的数量、价格，所有购方申报购买绿证的数量、价格，由绿证交易平台出清形成交易结果。该交易方式尚未开展，后期按需适时组织开展。集中竞价流程见图5-5。

```
┌────────┐      ┌──────────────┐      ┌──────────────┐      ┌──────────────┐
│通过绿证交易 │ ──→ │参与交易的所有售方申报│ ──→ │参与交易的所有购方申 │ ──→ │绿证交易平台出清  │
│ 平台开展  │     │  出售绿证数量、价格 │     │ 报购买绿证数量、价格 │     │  形成交易结果   │
└────────┘      └──────────────┘      └──────────────┘      └──────────────┘
```

图5-5　集中竞价交易流程

5.4.2　价格形成机制

绿证交易最小单位为1个，价格单位为元/个。绿证价格通过市场形成，充分反映可再生能源发电的绿色环境价值，其中挂牌交易价格由售方拟定后进行申报。售方根据自身项目的发电成本、市场供需状况等因素，合理拟定绿证的挂牌价格，并通过交易平台进行公开申报。

双边协商交易价格由购售双方自主协商决定，购售双方可以直接就绿证的价格、数量、支付方式、支付时间等进行线下沟通，并基于双方共同认可的条款达成交易。

集中竞价交易价格通过多个购方和售方同时参与，各自提交购售申报，由绿证交易平台统一出清形成。

针对无补贴（含放弃补贴）新能源项目，通过绿证交易获得的收益归发电企业所有。

5.4.3　交易结果

购售双方通过以上方式完成绿证交易，绿证交易平台根据交易结果形成电子交易订单并按照国家相关信息数据安全管理要求上链存证，保障绿证核发交易数据真实可信、系统安全可靠、全过程防篡改、可追溯，相关信息留存 5 年以上备查，电子交易订单与纸质合同具备同等效力。

5.4.4　结算与交割

用户在进行绿证交易时，需及时完成资金支付，购方完成全部资金支付后 1 个工作日内，相应资金划入售方资金账户。售方在收到资金后，于税法规定期限内向用户开具符合要求的发票。

挂牌交易中，购方摘牌后须在当日 17:00 前完成款项支付，否则交易解除，订单会自动取消；双边协商交易中，售方申报后，购方须在当日 15:00 前完成交易确认，购方完成确认后，支付时间由购售双方自行约定，售方确认收款后完成交割。结算与交割流程见图 5-6。

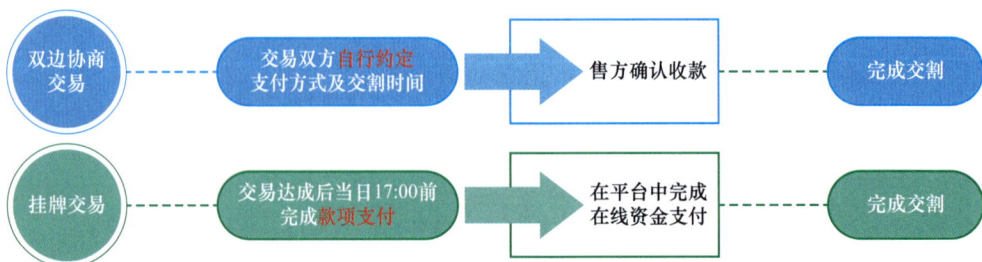

图 5-6　结算与交割流程

5.4.5　绿证交易绿证划转

可交易绿证完成结算后，交易平台应将交易主体、数量、价格、交割时间等信息实时同步至国家绿证核发交易系统。国家能源局电力业务资质管理中心依绿证交易结算信息将绿证划转至购方的绿证账户，划转后的绿证相关信息与对应电力交易中心同步。

对 2023 年 1 月 1 日（不含）前投产的存量常规水电项目对应绿证，依据电网企业、电力交易机构报送的水电电量交易结算结果，从售方账户直接划转至购方账户；电网代理购电的，相应绿证依电量交易结算结果自动划转至相应省级绿证账户，绿证分配至用户的具体方式由省级能源主管部门会同相关部门确定。

绿证自电量生产自然月（含）起计算，有效期为 2 年。但考虑绿证交易主体购买的存量绿证，对 2024 年 1 月 1 日（不含）之前的可再生能源发电项目电量对应绿证有效期延至 2025 年年底，为绿证交易主体提供过渡的缓冲时间。超过有效期或已声明完成绿色电力消费的绿证，国家能源局电力业务资质管理中心应及时予以核销，保障绿证作为我国可再生能源电量环境属性的唯一证明。核销机制避免绿证被多次重复用于证明不同电量的环境属性，从而利于提高绿证的权威性。

5.5　信　息　披　露

国家绿证核发交易系统提供绿证在线查验服务，用户登录绿证账户或通过扫描绿证二维码，可获取绿证编码、项目名称、项目类型、电量生产日期等溯源信息。

国家能源局电力业务资质管理中心通过国家绿证核发交易系统披露全国绿证核发、交易和核销信息，各绿证交易平台定期披露本平台绿证交易和核销信息。披露内容主要包括绿证核发量、交易量、平均交易价格、核销信息等。市场主体可在绿证交易平台首页查看绿证交易累计成交规模、成交绿证类型、绿证库存情况等，有出售意向的发电企业和有购买需求的用户可以关注绿证求购情况和实时挂牌情况的信息专区。

电力交易机构依据用户绿证交易信息，做好用户绿色电力消费情况的信息披露工作，并将有关信息报送政府主管部门。

5.6 绿 证 监 管

绿证交易市场由国家能源局各派出机构会同地方相关部门做好辖区内绿证制度实施的监管，国家能源局会同有关部门做好指导，保证绿证交易市场健康运作。

因推送数据迟延、填报信息有误、系统故障等原因导致绿证核发或交易有误的，应由国家能源局电力业务资质管理中心或绿证交易平台及时予以纠正，保障绿证核发的准确性。

当出现以下情况时，依法依规采取以下处置措施。

（1）对于绿证对应电量重复申领其他同属性凭证，或存在数据造假等行为的售方主体，以及为绿证对应电量颁发其他同属性凭证的绿证交易平台，责令其改正；拒不改正的，予以约谈。

对于扰乱正常绿证交易市场秩序的交易主体，责令其改正；拒不改正的，予以约谈。

（2）对于发生违纪违法问题，按程序移交纪检监察和司法部门处理。

在严格的监管制度下，绿证完整拥有作为"我国可再生能源电量环境属性的唯一证明，是认定可再生能源电力生产与消费的唯一凭证"被赋予的"唯一"属性，防止绿色环境属性被重复使用和重复声明。

5.7 绿 证 交 易 平 台

绿证交易平台是支撑绿证交易开展的技术支持系统，当前国内在运平台有北京电力交易中心绿证交易平台、广州电力交易中心绿证交易平台及国家可再生能源信息管理中心中国绿证交易平台，三者共同推动全国绿证交易的开展。

以北京电力交易中心绿证交易平台为例，平台利用区块链技术，全方面记录绿证主体注册、划转、交易、结算等各业务环节信息，保证绿证交易全生命周期的数据溯源，同时运用多重安全认证技术，确保经营主体的注册账号和交易信息的安全性。绿证交易可通过电力交易平台和"e－交易"App开展。其中，电力交易平台主要面向PC端用户，"e－交易"App则面向移动端用户，共同为经营主体提供全面的绿证交易服务，支持账户管理、绿证交易、在线支付、证书生成、证书溯源及信息披露等。"App＋PC"双端绿证交易平台的构建，帮助经营主体在不同使用场景下都能够高效、灵活地参与绿证交易。

第三篇 交易平台操作

　　交易平台对于支撑经营主体开展绿电绿证交易、信息披露、绿色电力消费核算等至关重要。绿电绿证交易相关平台主要包括绿电交易平台、绿证交易平台和绿色电力消费核算平台。其中，绿电交易平台支撑了经营主体以双边协商、挂牌、集中竞价等交易方式参与绿电交易；绿证交易平台支撑了市场主体以双边协商、挂牌等交易方式开展绿证交易；绿色电力消费核算平台支撑了用户建立绿色电力消费核算账户体系，实现绿色电力消费数据的记账和管理。

　　本篇面向市场主体中的发电企业、售电公司、电力用户，从平台功能、业务流程、操作指引三部分，详细介绍了绿电交易平台、绿证交易平台、绿色电力消费核算平台的具体操作流程，帮助用户快速掌握平台操作方式，高效开展绿电绿证相关业务。

6

绿电交易平台操作

6.1 平 台 功 能

绿电交易平台由服务端和客户端构成。服务端是由北京电力交易中心组织建设的基于云架构的电力市场交易服务平台之一❶，覆盖了国家电网有限公司经营区域 26 个省（自治区、直辖市），全面支撑省间、省级两级绿电交易业务。客户端包括 PC 端与移动端。PC 端可以开展相关信息披露、组织绿电交易、汇总管理绿电交易合同（含零售合同）、提供结算依据等业务；经有关经营主体确认后，将绿证由发电企业划转至有关电力用户。

移动端即"e‐交易"App，为用户提供一站式绿电绿证交易、信息查询、合同存证、绿证溯源等全生命周期服务，有效支撑绿电绿证交易工作开展。"e‐交易"App 主要功能见图 6‐1。经营主体可通过电力交易平台 PC 端和"e‐交易"App 参与绿电交易。

图 6‐1 "e‐交易"App 主要功能

---

❶ 访问链接：https://pmos.sgcc.com.cn。

6.2 业 务 流 程

6.2.1　绿电双边协商交易

　　绿电双边协商交易是在经营主体双方自主协商一致的基础上，由一方通过电力交易平台申报交易电量（电力）、电价、绿色电力环境价值，另一方确认后，达成交易。绿电双边协商交易流程见图6-2。

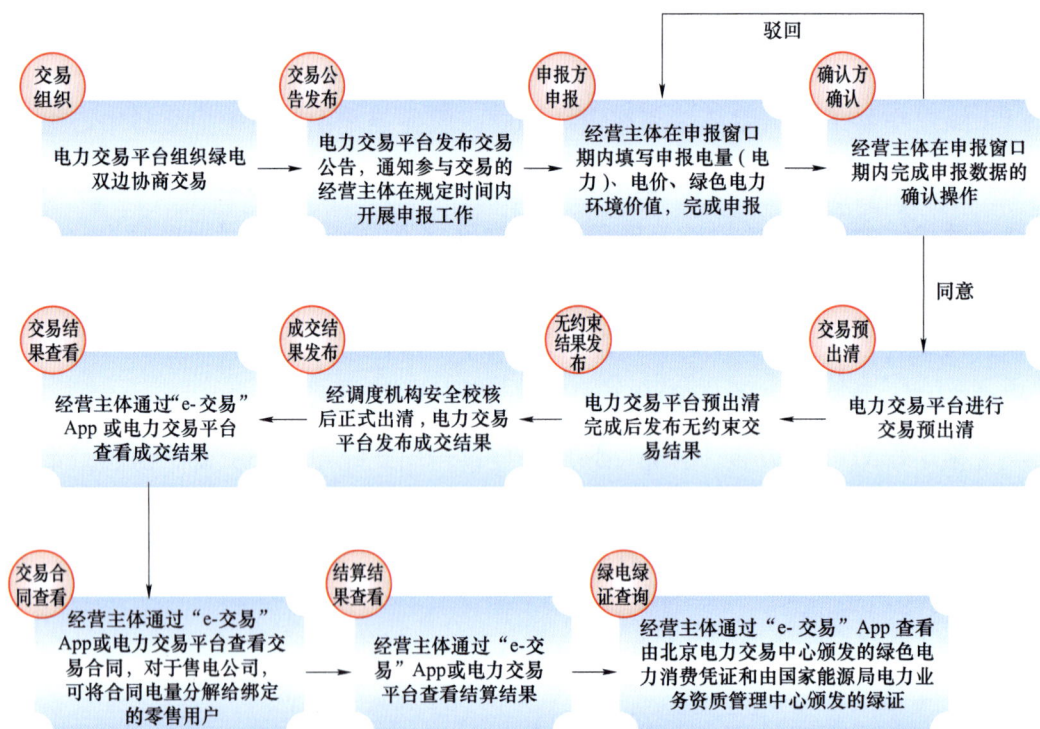

图6-2　绿电双边协商交易流程

6.2.2　绿电挂牌交易

　　绿电挂牌交易是经营主体通过电力交易平台在规定的交易申报截止时间前，发布挂牌信息，包括绿电电量（电力）、电价、绿色电力环境价值，由摘牌方进行摘牌，达成交易。其中，省间绿电挂牌交易流程见图6-3，省内绿电挂牌交易流程见图6-4。

需求汇总
经营主体通过所在省电力交易平台提交绿电挂牌交易需求，包括挂牌电量（电力）、挂牌价格等

交易组织
北京电力交易平台组织绿电挂牌交易

交易公告发布
北京电力交易平台发布交易公告，通知参与交易的经营主体在规定时间内开展申报工作

挂牌方申报
经营主体在申报窗口期内填写挂牌电量（电力）、电价、绿色电力环境价值，完成申报

成交结果发布
经调度机构安全校核后正式出清，北京电力交易平台发布成交结果

无约束结果发布
北京电力交易平台预出清完成后形成无约束交易结果

交易出清
北京电力交易平台进行交易预出清

摘牌方申报
经营主体在申报窗口期内填写摘牌电量（电力）、电价，完成申报

交易结果查看
经营主体通过"e-交易"App或北京电力交易平台查看成交结果

交易合同查看
经营主体通过"e-交易"App或北京电力交易平台查看交易合同，对于售电公司，可将合同电量分解给绑定的零售用户

结算结果查看
经营主体通过"e-交易"App或北京电力交易平台查看结算结果

绿电绿证查询
经营主体通过"e-交易"App查看由北京电力交易中心颁发的绿色电力消费凭证和由国家能源局电力业务资质管理中心颁发的绿证

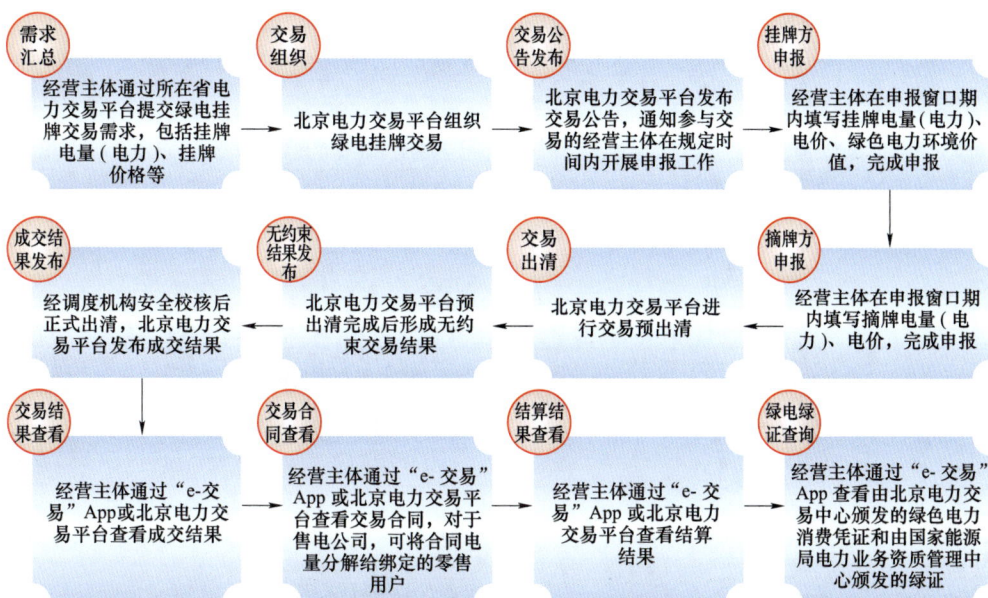

图6-3 省间绿电挂牌交易流程

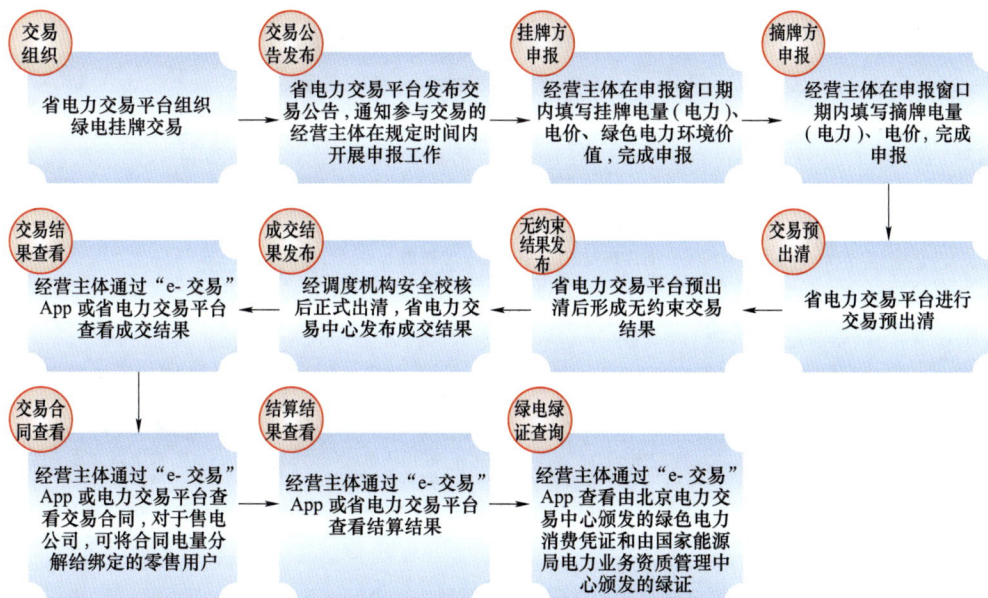

交易组织
省电力交易平台组织绿电挂牌交易

交易公告发布
省电力交易平台发布交易公告，通知参与交易的经营主体在规定时间内开展申报工作

挂牌方申报
经营主体在申报窗口期内填写挂牌电量（电力）、电价、绿色电力环境价值，完成申报

摘牌方申报
经营主体在申报窗口期内填写摘牌电量（电力）、电价，完成申报

交易结果查看
经营主体通过"e-交易"App或省电力交易平台查看成交结果

成交结果发布
经调度机构安全校核后正式出清，省电力交易中心发布成交结果

无约束结果发布
省电力交易平台预出清后形成无约束交易结果

交易预出清
省电力交易平台进行交易预出清

交易合同查看
经营主体通过"e-交易"App或电力交易平台查看交易合同，对于售电公司，可将合同电量分解给绑定的零售用户

结算结果查看
经营主体通过"e-交易"App或省电力交易平台查看结算结果

绿电绿证查询
经营主体通过"e-交易"App查看由北京电力交易中心颁发的绿色电力消费凭证和由国家能源局电力业务资质管理中心颁发的绿证

图6-4 省内绿电挂牌交易流程

6.2.3 绿电集中竞价交易

绿电集中竞价交易是经营主体在规定的交易申报截止时间前，集中申报购电或售电的电量、价格等信息，电力交易平台汇总后按市场规则统一出清成交。其中，省间绿电集中竞价交易流程见图6-5，省内绿电集中竞价交易流程见图6-6。

需求汇总
经营主体通过所在省电力交易平台提交绿电集中竞价交易需求，包括意向购售省份、电量）、价格等

交易组织
北京电力交易平台组织绿电集中竞价交易

交易公告发布
北京电力交易平台发布交易公告，通知参与交易的经营主体在规定时间内开展申报工作

交易申报
经营主体在申报窗口期内填写购/售方电量（电力）、电价，完成申报

同意

交易结果查看
经营主体通过"e-交易"App 或北京电力交易平台查看成交结果

成交结果发布
经调度机构安全校核后正式出清，北京电力交易平台发布成交结果

无约束结果发布
北京电力交易平台预出清完成后形成无约束交易结果

交易预出清
北京电力交易平台进行交易预出清

交易合同查看
经营主体通过"e-交易"App 或北京电力交易平台查看交易合同，对于售电公司，可将合同电量分解给绑定的零售用户

结算结果查看
经营主体通过"e-交易"App 或北京电力交易平台查看结算结果

绿电绿证查询
经营主体通过"e-交易"App 查看由北京电力交易中心颁发的绿色电力消费凭证和由国家能源局电力业务资质管理中心颁发的绿证

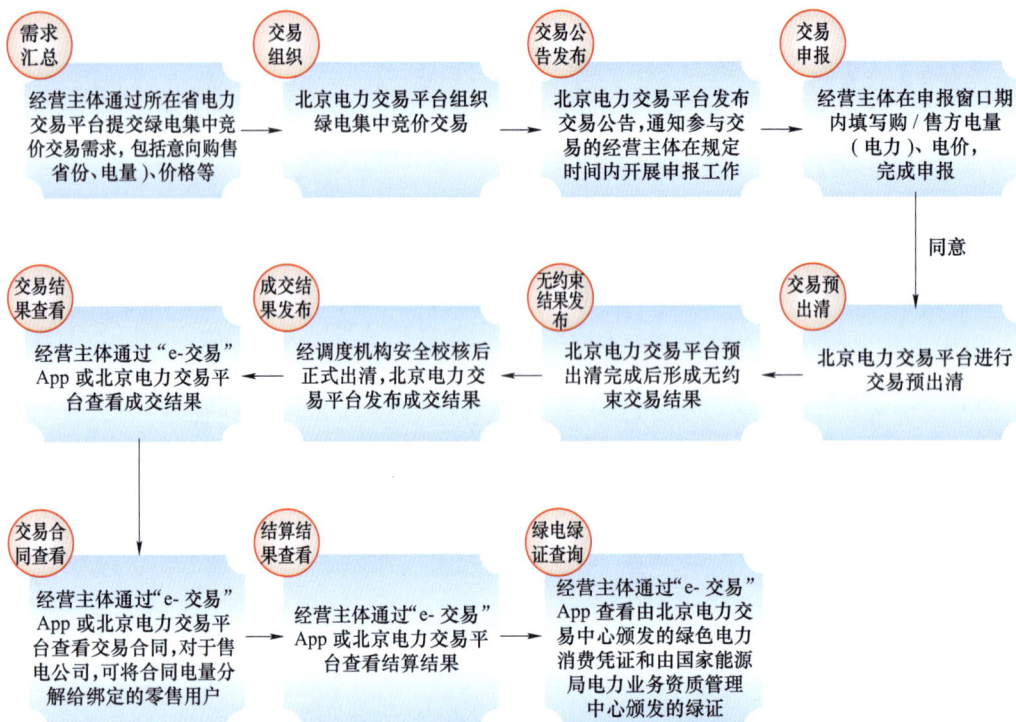

图6-5 省间绿电集中竞价交易流程

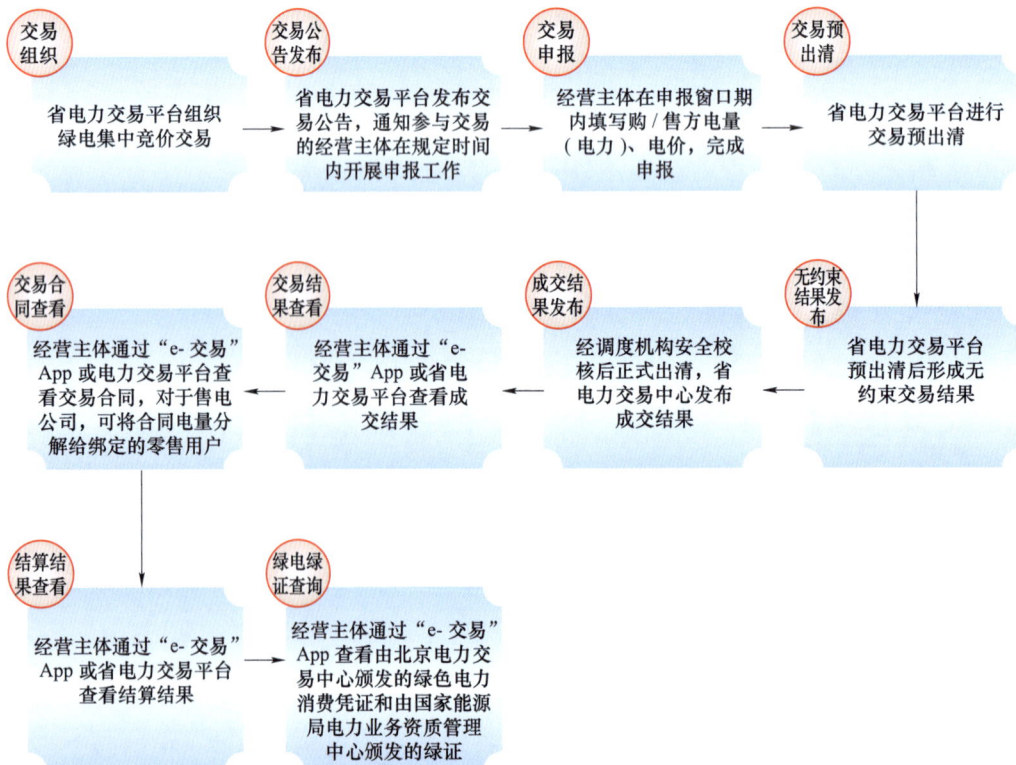

交易组织
省电力交易平台组织绿电集中竞价交易

交易公告发布
省电力交易平台发布交易公告，通知参与交易的经营主体在规定时间内开展申报工作

交易申报
经营主体在申报窗口期内填写购/售方电量（电力）、电价，完成申报

交易预出清
省电力交易平台进行交易预出清

交易合同查看
经营主体通过"e-交易"App 或电力交易平台查看交易合同，对于售电公司，可将合同电量分解给绑定的零售用户

交易结果查看
经营主体通过"e-交易"App 或省电力交易平台查看成交结果

成交结果发布
经调度机构安全校核后正式出清，省电力交易中心发布成交结果

无约束结果发布
省电力交易平台预出清后形成无约束交易结果

结算结果查看
经营主体通过"e-交易"App 或省电力交易平台查看结算结果

绿电绿证查询
经营主体通过"e-交易"App 查看由北京电力交易中心颁发的绿色电力消费凭证和由国家能源局电力业务资质管理中心颁发的绿证

图6-6 省内绿电集中竞价交易流程

6.3 操 作 指 引

6.3.1 PC 端操作

6.3.1.1 PC 端登录前置介绍

参与绿电交易的经营主体需按要求在电力交易平台上传注册所需材料，完成账号注册、注册公示、办理数字证书和数字证书个人身份识别码（简称 PIN 码）激活。注册完成的账号同时可用于登录电力交易平台 PC 端和"e-交易"App。

6.3.1.2 交易公告查看

经营主体登录电力交易平台后，可通过两种方式查看绿电交易公告，主要信息包括交易名称、经营主体、交易标的、交易申报方式、申报时间、交易出清时间、交易执行时间等。

方式一：在【首页】—【我的交易】区域，在【交易公告】列表中，点击相应的交易名称条目，进入【交易公告详情】页面，即可查看具体的交易公告内容，见图 6-7。

图 6-7 绿电交易公告查看页面

方式二：点击【中长期交易】—【绿色电力交易专区】，在【我的交易】区域展示参与的绿电交易公告列表，点击相应的交易名称条目，进入【交易公告详情】页面，即可查看具体的交易公告内容，见图 6-8。

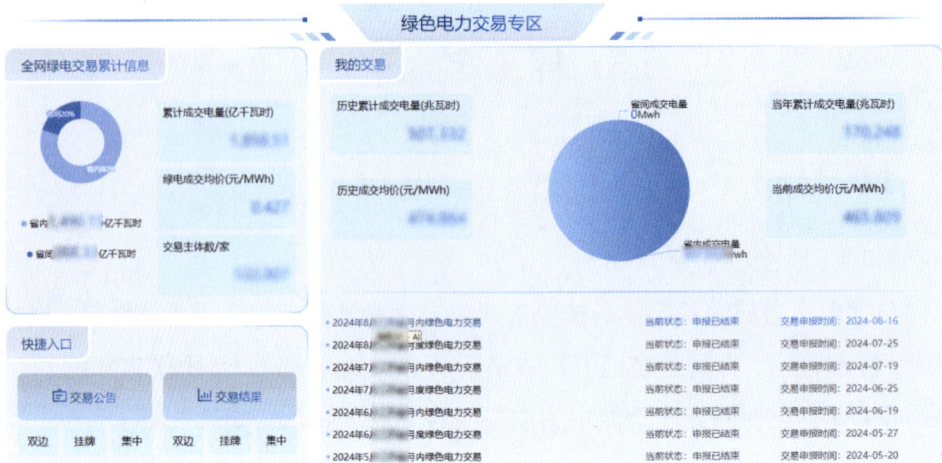

图 6-8　绿电专区交易公告查看页面

6.3.1.3　交易承诺书确认

在首次参与绿电交易之前，经营主体须仔细阅读交易承诺书内容，确保完全理解承诺书中的条款，同意遵守交易规则，并完成交易承诺书的确认和签署工作。交易承诺书中明确了交易资格、交易条款、各方的权利与义务、交易流程、结算方式等，具有法律约束力，一旦签订，各方必须遵守其规定。

操作方法：在【交易公告详情】页面点击"进入申报"按钮，进入【交易承诺书】页面，可以查看交易承诺书并完成承诺书确认，见图 6-9。

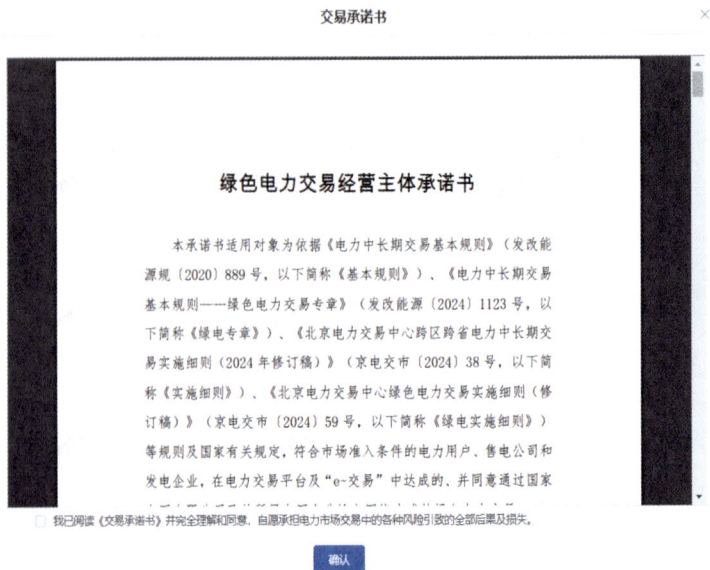

图 6-9　交易承诺书确认页面

6.3.1.4 交易申报

6.3.1.4.1 绿电双边协商交易申报

1. 申报方申报

绿电双边协商交易申报方申报页面见图 6-10,主要展示了购/售方交易单元名称、时间段、申报状态、购/售方电量、购/售方电价、绿色电力环境价值、申报时间、确认时间等。

图 6-10 绿电双边协商交易申报方申报页面

经营主体进行交易申报具体步骤如下:

(1)点击"新增"按钮,选择申报方交易单元、时间段、确认方企业名称以及确认方交易单元。选择完成后,展示需要申报的信息。

(2)点击"绿色电力环境价值偏差补偿条款"按钮,根据条款内容维护是否免于补偿,以及购方违约补偿条款、售方违约补偿条款。

(3)填写购/售方电量、电价信息,填写一方电量、电价,系统自动折算出对端电量、电价信息。

(4)点击"保存"按钮,完成申报数据新增操作,见图 6-11。

(5)点击"绿色电力环境价值"按钮,维护已选交易对的绿色电力环境价值信息,可以按照整个交易对和时间段两种方式设置。

(6)选择要申报的数据,对申报状态为【新建】【申报方撤销】的数据进行申报,完成后,申报状态变更为【待确认】。

针对申报状态为【待确认】的数据,可以点击"撤销"按钮,对数据进行撤销,该数据申报状态更新为【申报方撤销】。

图6-11 绿电双边协商交易申报方新增

2. 确认方确认

绿电双边协商交易确认方确认页面见图6-12，主要展示了购/售方交易单元名称、时间段、申报状态、购/售方电量、购/售方电价、绿色电力环境价值、申报时间、确认时间等。

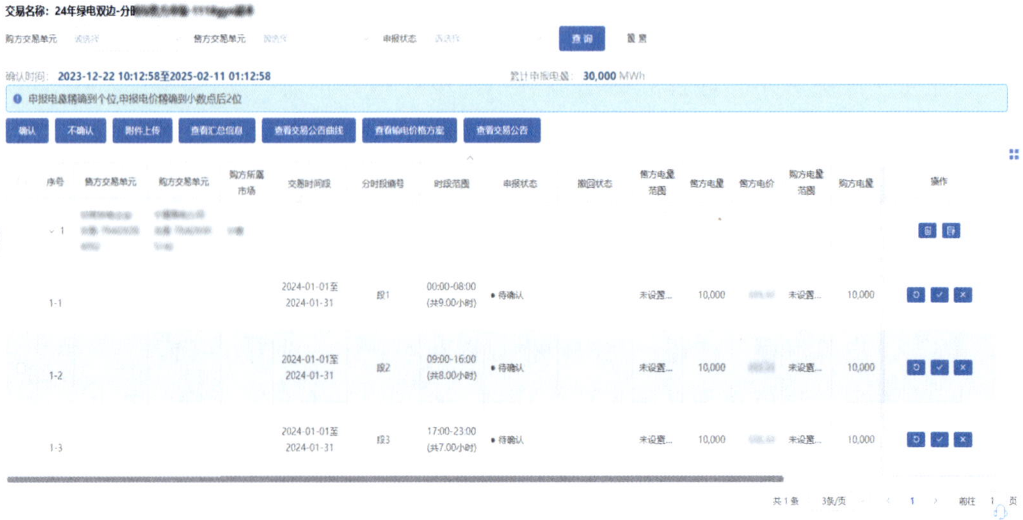

图6-12 绿电双边协商确认方确认页面

经营主体确认数据无误后，选择申报状态为【待确认】的数据，点击"确认"按钮，完成确认方确认。对存有异议的申报状态为【待确认】的申报数据，可以点击"不确认"按钮，填写不确认原因，点击"确定"，完成拒绝操作，申报状态更新为【确认方不同意】。

6.3.1.4.2 绿电挂牌交易申报

1. 挂牌方申报

绿电挂牌交易挂牌方申报页面见图 6-13，主要展示了交易单元名称、时间段、电量、电价、绿色电力环境价值、申报状态以及报价时间信息。

经营主体进行挂牌具体步骤如下：

（1）根据设置的限额，在对应时间段处，填写限额范围内的电量、电价信息。

（2）点击"绿色电力环境价值"按钮，维护绿色电力环境价值信息，可以按照整个交易对和时间段两种方式设置。

（3）申报信息填报完成后，点击"申报"按钮，申报状态会更新成【已申报】，并显示报价时间。

当需要重新填报申报数据时，可以通过单击"申报初始化"按钮，对已填写的申报数据进行清除。

图 6-13 绿电挂牌交易挂牌方申报页面

2. 摘牌方申报

绿电挂牌交易摘牌方申报页面见图 6-14，主要展示了交易单元名称、时间段、电量、电价、绿色电力环境价值、申报状态以及报价时间信息。

经营主体进行摘牌具体步骤如下：

（1）点击"查看挂牌信息"按钮，查看挂牌总量、挂牌均价以及挂牌方明细信息。

（2）根据设置的限额，在对应时间段处，填写限额范围内的电量信息。

（3）点击"绿色电力环境价值"按钮，查看绿色电力环境价值信息。

（4）申报信息填报完成后，点击"申报"按钮，申报状态会更新成【已申报】，并显示报价时间。

当需要重新填报申报数据时，可以通过单击"申报初始化"按钮，对已填写的申报数据进行清除。

图6-14　绿电挂牌交易摘牌方申报页面

6.3.1.4.3　绿电集中竞价交易申报

绿电集中竞价交易申报页面见图6-15，主要展示了交易单元、时间段、分时段、限额、电量、电价等信息。

针对申报数据量较大的情况，可以通过"导出Excel"功能将模板导出，维护申报数据后，再通过"导入Excel"功能进行导入操作，完成批量填报申报数据。

经营主体进行绿电集中竞价交易申报的具体步骤如下：

（1）根据平台设置的限额，在对应时间段、分时段处，填写限额范围内的电量、电价信息。

（2）填报完成申报信息后，点击"申报"按钮，完成交易申报，申报状态会更新成【已申报】，并显示报价时间。

当需要重新填报申报数据时，可以通过单击"申报初始化"按钮，对已填写的申报数据进行清除。

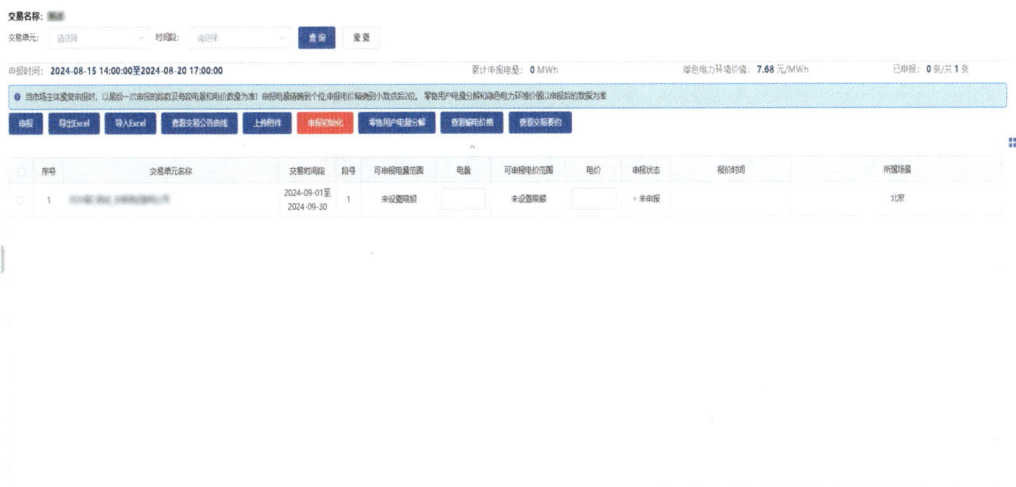

图 6−15　绿电集中竞价交易申报页面

6.3.1.5　交易结果查询

经营主体登录交易平台后，进入【中长期交易】—【结果查询】菜单，可查看自己的预成交结果信息、成交结果信息、结果汇总信息和结果概况，见图 6−16。

图 6−16　交易结果查询页面

6.3.1.6　合同结果查询和分解

经营主体登录交易平台后，进入【我的合同】—【当前合同】菜单，可查看自己当前合同的相关信息，包括合同名称、合同购/售方、合同类型、合同电量及均价、执行时间等关键信息，见图 6-17。

图 6-17 合同结果查询页面

售电公司登录交易平台后，可进入【我的合同】—【绿电合同分解】菜单，查看所参与的绿电交易批发合同相关信息，包括合同名称、合同购/售方、合同类型、合同电量和交易执行时间，见图 6-18。

图 6-18 绿电合同分解页面

选择某条合同记录，点击"合同分解"按钮，弹出【合同分解】页面（见图 6-19），包括"分月电量信息"和"合同分解信息"两部分内容。分月电量信息展示合同的分月信息，按照自然月进行展示，默认显示 1—12 月；合同分解信息展示分解用户粒度以及分解方式，可以通过后面的"编辑"按钮进行修改。需要注意，修改分解方式时会清除户号、分时段维度的数据，操作需要谨慎，以免出现丢失数据的情况。点击"新增"按钮，弹出零售用户列表，可以选择要分解的零售用户，选择零售用户后，按照分解方式进行电量分解。

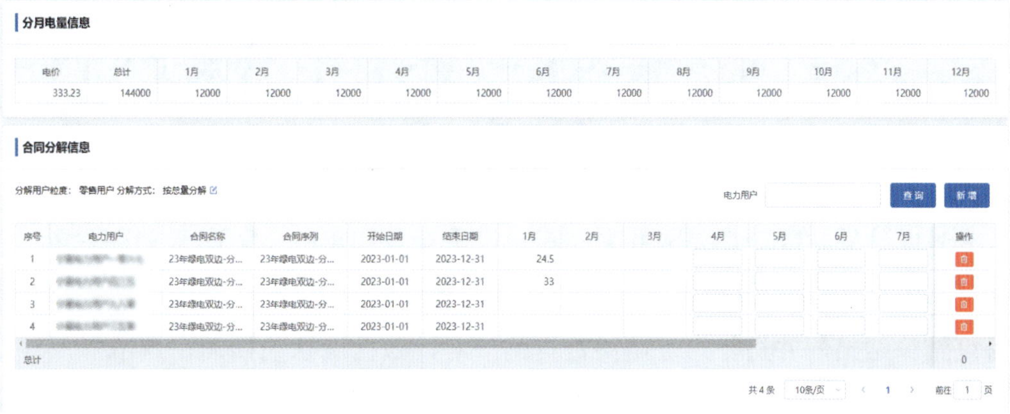

图6-19　合同分解弹框

6.3.1.7　结算结果确认

　　参与绿电交易的发电企业和售电公司登录电力交易平台，进入【我的结算】—【结算单确认】页面（见图 6-20），可预览和下载自己的结算单，并核对结算单数据。核对数据无误后，点击"确认"按钮完成确认操作。如数据存在异议，在弹窗中填写争议内容，点击"提交"按钮，提交至交易平台进行核实处理，见图 6-21。

图6-20　结算单确认页面

图6-21 结算单反馈弹窗页面

月度结算结果计算完成并发布后，发电企业和售电公司登录交易平台，进入【我的结算】—【结算结果确认】页面（见图6-22），可查看所参与交易的月度结算结果，并进行结算结果数据的核对，数据确认无误后，点击"保存"按钮，更新结算结果数据状态为【无争议】。如数据存在异议，点击"批量争议处理"按钮，在弹窗中填写争议内容，提交至交易平台进行核实处理，见图6-23。

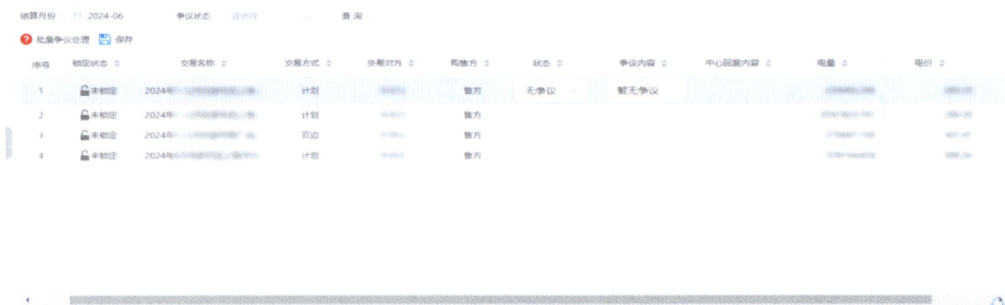

图6-22 结算结果确认页面

图6-23 结算结果批量争议处理弹窗页面

6.3.2 "e-交易"App 操作

6.3.2.1 "e-交易"App 登录前置介绍

"e-交易"App 目前采用"账号+密码"+短信验证码/数字证书/电子营业执照/人脸识别双因子校验方式实现登录，见图 6-24。

图 6-24 "e-交易"App 登录及登录认证方式

1. 短信验证码认证登录前置条件

（1）绑定手机号。经营主体须提前在电力交易平台【个人中心】页面绑定手机，对当前登录账号设置一个有效的手机号码。点击"设置"按钮，可完成个人实名信息的维护，包括个人姓名、个人证件号以及个人手机号，上述三项信息必须是同一人所有。

（2）短信验证码认证登录。打开"e－交易"App，进入登录界面，输入账号密码，点击"登录"按钮，跳转【安全认证】页面。选择"短信验证码认证"，系统将验证码发送至当前账号已绑定的手机号上，输入验证码后，系统自动校验通过，会提示登录成功，完成登录。

2. 数字证书认证登录前置条件

（1）移动数字证书办理。数字证书是指在互联网通信中标志通信各方身份信息的一个数字认证。它通过加密或解密的形式，确保了信息和数据的完整性和安全性。数字证书本质上是一种电子文档，由电子商务认证中心颁发，具有权威性和公正性。电力交易移动端数字证书主要应用在"e－交易"App数字证书认证登录、绿电与绿证交易申报等相关业务操作，验证账号和交易信息的真实性和安全性。

经营主体登录"e－交易"App选择数字证书认证登录时，需要提前开通移动端数字证书业务，并激活数字证书PIN码。后续App登录或绿电绿证交易申报时可使用数字证书PIN码完成校验。

移动数字证书办理流程：① 通过短信验证码认证方式登录"e－交易"App，进入【数字证书办理】。② 经营主体需要先完成账号安全信息维护，包括绑定手机号、个人实名和企业实名。若首次办理数字证书，需要以企业管理员身份办理。③ 完成账号安全信息维护后，在【证书申请】页面下载证书申请材料模板和阅读服务协议，进入数字证书在线办理流程。④ 在线办理流程共4步，分别为订单信息、企业信息、申请人信息和证件上传。⑤ 证书申请成功后可在证书办理进度中查询办理进度详情信息，见图6－25。

（2）数字证书PIN码激活。登录"e－交易"App，在账号中心和移动数字证书管理模块中均可设置PIN码。在【移动数字证书管理】页面，需要在"设置PIN码"和"确认PIN码"位置输入6位数字，两次输入的6位PIN码须保持一致。点击"立即激活"按钮，提示PIN码激活成功，则说明设置完成，见图6－26。

（3）移动数字证书认证登录。打开"e－交易"App，进入登录界面，输入账号密码，点击"登录"按钮，跳转【安全认证】页面，选择"数字证书认证"，输入数字证书PIN码后完成登录。

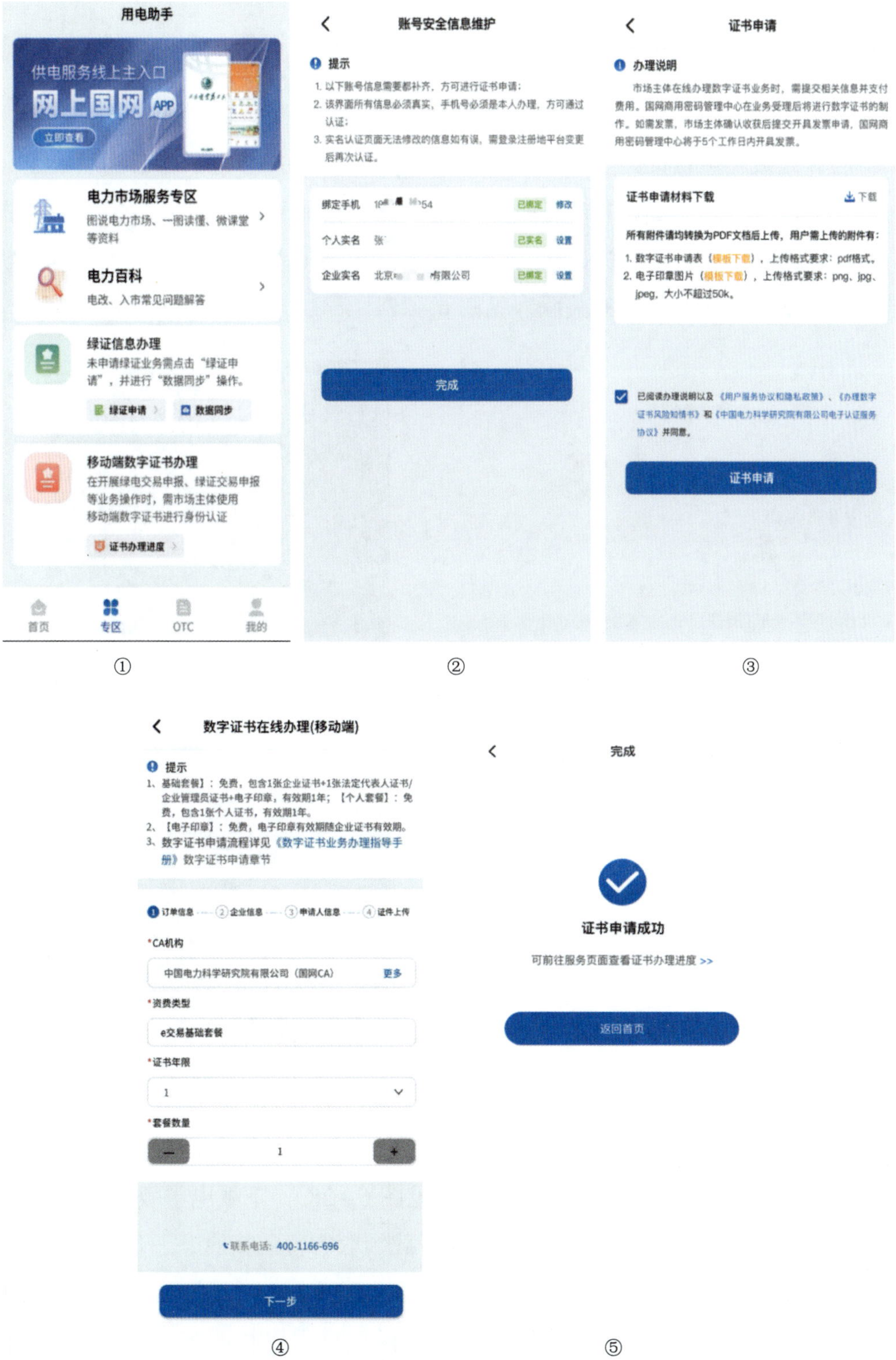

图 6-25　移动数字证书办理流程

3. 电子营业执照登录前置条件

经营主体登录"e–交易"App 进行电子营业执照认证之前，法定代表人需要完成个人实名认证和下载领取电子营业执照操作。

（1）完成实名认证。登录"e–交易"App 后，选择"电子营业执照认证"，对于在"e–交易"App 中未完成个人实名认证的账号会进行实名提示，见图 6–27。点击"去认证"进入【完善实名信息】页面，输入姓名、证件号和手机号，完成账号与实名信息的关联，见图 6–27。

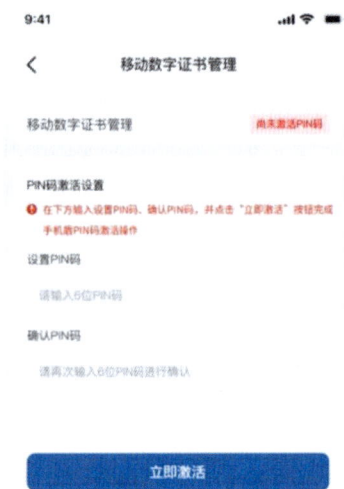

图 6–26　移动数字证书 PIN 码激活　　　图 6–27　完善实名信息流程

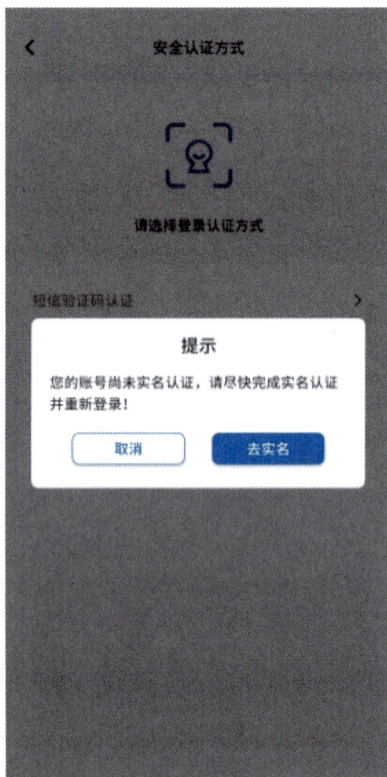

（2）下载领取营业执照。在微信小程序中搜索"电子营业执照"，点击"下载执照"完成微信小程序中的实名认证（见图 6–28）。下载电子版营业执照后，点击"查看已下载执照"，列表页显示已下载领取的营业执照。

（3）电子营业执照认证登录。登录"e–交易"App，跳转至【安全认证】页面，选择"电子营业执照认证"，跳转至微信小程序执照列表，选择所需使用的企业电子营业执照，并核对企业名称、统一代码信息，输入执照密码（见

图 6-29）。信息核对无误后，点击"确认"按钮，在【信息授权】界面点击"确认授权"完成电子营业执照认证，则登录成功。企业法人可通过电子营业执照微信小程序授权他人使用执照功能。

图6-28　下载营业执照流程

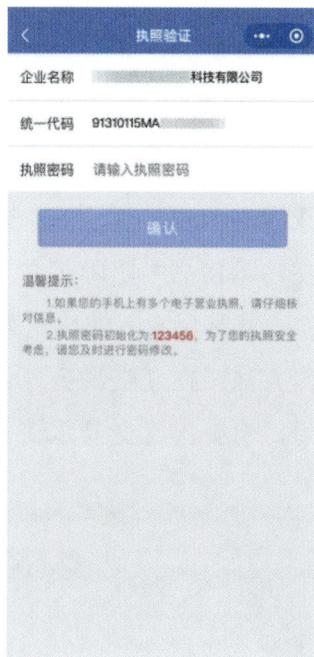

图6-29　电子营业执照认证登录流程

4. 人脸识别认证方式登录前置条件

登录"e-交易"App 选择人脸识别认证登录之前，经营主体需要先完成个人实名认证。

（1）完成实名认证。登录"e-交易"App 后选择"人脸识别认证"，对于在"e-交易"App 中未完成个人实名认证的账号会进行实名认证提示。点击"去认证"进入完善实名信息页面，输入姓名、证件号和手机号，完成账号与实名信息的关联。

（2）人脸识别认证方式登录。登录"e-交易"App，跳转【安全认证】页面，选择"人脸识别认证"，按照提示完成人脸识别检测，检测通过后，则提示登录成功。

6.3.2.2　交易公告查看

交易公告由电力交易机构发布，向市场参与者提供绿电交易的详细信息，包括交易名称、经营主体、交易标的、交易申报方式、申报时间、交易出清时间、交易执行时间等。

操作方法：登录"e-交易"App后，进入【首页】—【绿电专区】页面，选择绿电双边协商交易名称，点击"查看详情"按钮，即可进入【交易公告】页面查看详情内容，见图6-30。

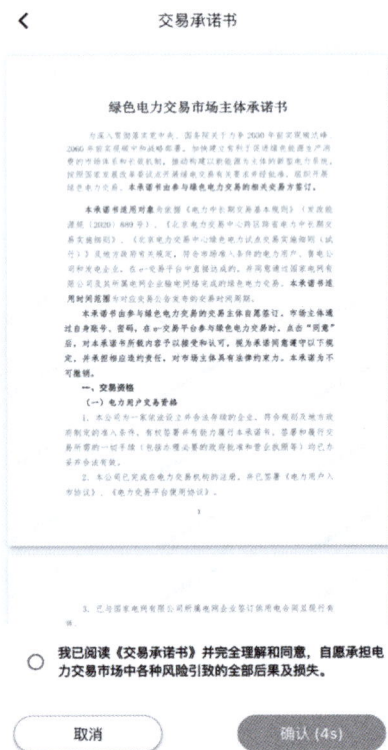

6.3.2.3　交易承诺书确认

经营主体在首次参与绿电交易之前，须仔细阅读交易承诺书内容，确保完全理解承诺书中的条款，同意遵守交易规则，并完成交易承诺书的确认和签署工作。交易承诺书中明确了交易资格、交易条款、各方的权利与义务、交易流程、结算方式等，具有法律约束力，一旦签订，各方必须遵守其规定。

操作方法：在【交易公告详情】页面点击"进入申报"按钮，首次进入申报页面时，会弹出【交易承诺书】签署页面，可以查看并完成承诺书确认，见图6-31。

图6-30　交易公告　　　　图6-31　交易承诺书

6.3.2.4　交易申报

6.3.2.4.1　绿电双边协商交易申报

1. 申报方申报

（1）新增申报信息。申报方进入【申报方申报】页面，点击"新增"按钮，弹出【申报信息新增】界面（见图 6-32），选择申报方交易单元、时间段、确认方企业名称以及确认方交易单元，生成一条申报数据。

（2）填写申报电量和电价信息。申报方在【申报方申报】页面，点击"未申报"进入【交易对详情】页面，在交易时间段内填写申报电量和申报电价，见图 6-33。

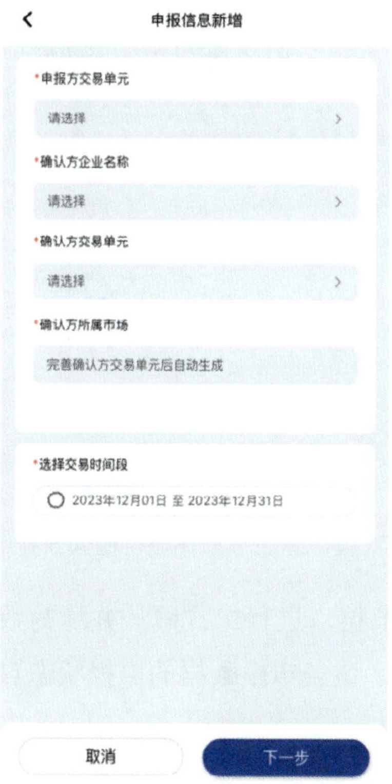

图 6-32　申报数据维护

图 6-33　填写申报电量和电价信息

（3）维护绿色电力环境价值。申报方可以按照交易对批量填报或按照时间段分条填报的方式维护绿色电力环境价值（见图 6-34）。其中，按交易对批量填报可统一填报该交易对所有时间段的绿色电力环境价值；按时间段分条填报可对不同的时间段设置不同的绿色电力环境价值。系统自动根据申报电价和绿色电力环境价值计算电能量价格。

（4）维护绿色电力环境价值偏差补偿条款。申报方可以在【申报信息新增】页面添加绿色电力环境价值偏差补偿条款，在绿电交易实际结算的绿色权益与合同约定产生偏差时使用，第一种方式为免予补偿，第二种方式按照约定的补偿价格进行补偿，见图6-35。

图6-34　维护绿色电力环境价值　　图6-35　维护绿色电力环境价值偏差补偿条款

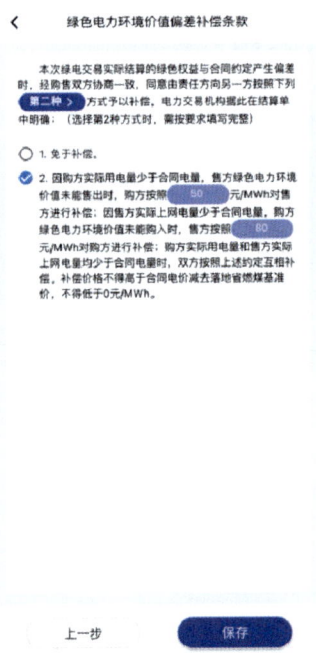

（5）提交申报。申报方选择需要申报的数据，进行二次确认并填写数字证书 PIN 码验证，完成申报操作（见图6-36）。该条申报数据的申报状态自动变更为待确认。

2. 确认方确认

确认方进入【确认方确认】页面，选择【待确认】的申报数据，进入【交易对详情】方面，查看申报电量、申报电价、偏差条款信息，确认无误后，点击"确认"按钮（见图6-37），二次确认后并填写数字证书 PIN 码验证，完成申报数据的确认工作，申报状态自动更新为转交易中心处理。若对申报数据存在异议，确认方可选择"不确认"按钮，将申报数据拒绝。

图6-36 申报方提交申报

图6-37 确认申报数据

6.3.2.4.2 绿电挂牌交易申报

1. 挂牌方申报

（1）挂牌方申报数据维护。挂牌方进入【挂牌方申报】页面，填写挂牌电量、电价信息，见图6-38。

（2）申报初始化。申报初始化操作用于清除已经填报的申报量价数据。

（3）维护绿色电力环境价值。绿色电力环境价值有两种维护方式：一种是按交易对批量填报，另一种是按时间段分条填报。挂牌方可以根据需求自行选择填报方式。系统自动根据申报电价和绿色电力环境价值计算电能量价格。

（4）维护绿色电力环境价值偏差补偿条款。在【挂牌方申报信息】页面，首次申报前，需查看并确认绿色电力环境价值偏差补偿条款。

（5）提交申报。在【挂牌申报】页面选择需要申报的数据，进行二次确认并填写数字证书 PIN 码验证，完成挂牌方申报操作（见图6-39），申报数据状态自动变更为已申报。

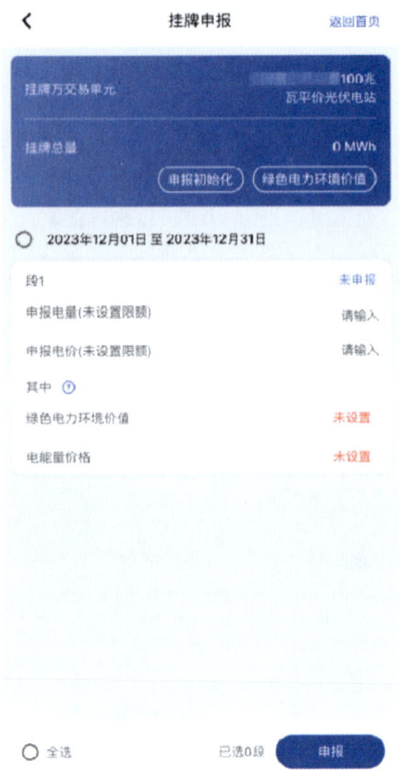

图 6-38　挂牌方申报数据维护

图 6-39　挂牌方提交申报

2. 摘牌方申报

（1）摘牌方申报数据维护。在【摘牌方申报】页面，点击"未申报"按钮，进入【摘牌申报】页面，填写摘牌电量等信息，见图 6-40。

（2）申报初始化。申报初始化操作用于清除已经填报的申报量价数据。

（3）查看绿色电力环境价值。在【摘牌方申报】页面查看绿色电力环境价值。

（4）查看绿色电力环境价值偏差补偿条款。在【摘牌方申报信息】页面，首次申报前，需查看并确认绿色电力环境价值偏差补偿条款。

（5）提交申报。在【摘牌方申报】页面选择需要申报的数据，进行二次确认并填写数字证书 PIN 码验证，完成摘牌方申报操作（见图 6-41），申报数据状态自动变更为已申报。

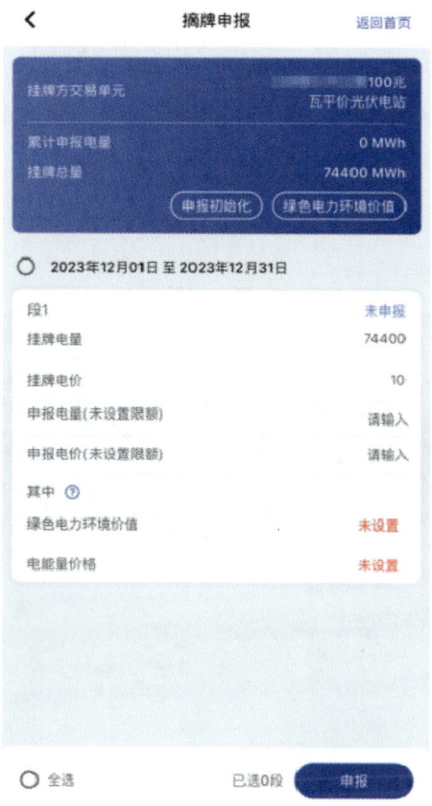

图6-40 摘牌方申报数据维护

图6-41 摘牌方提交申报

6.3.2.4.3 绿电集中竞价交易申报

1. 申报数据维护

经营主体在【集中交易申报】页面，可以查看申报数据状态，选择"未申报"按钮，进入【申报】页面，系统自动显示交易中心发布的绿色电力环境价值，填写申报电量、电价，见图6-42。

2. 申报初始化

申报初始化操作用于清除已经填报的申报量价数据。

3. 批量设置

绿电集中竞价交易支持经营主体批量设置所有时间段的申报量价、某一时间段或多个时间段的申报量价，以及同一时间段内多个分时段的申报量价等便捷操作。

4. 交易申报

经营主体填写完成申报电量、电价，确认无误后，点击"申报"按钮（见图 6-43），进行二次确认后填写数字证书 PIN 码验证，完成申报操作。申报数据状态自动变更为已申报。

到此，经营主体完成绿电集中竞价交易的申报操作。

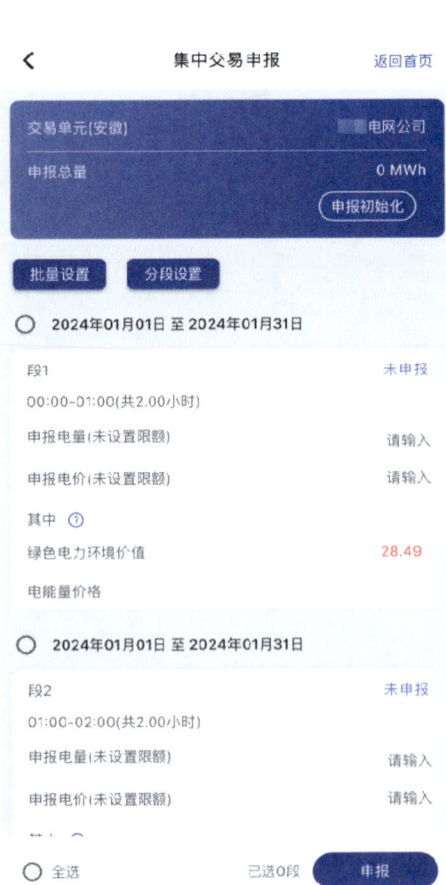

图 6-42　集中交易申报数据维护

图 6-43　交易申报

6.3.2.5　交易结果查看

在【绿电专区】首页，进入【交易结果】列表页，选择并点击需要查看交易结果的序列，进入【交易结果】详情页（见图 6-44）。交易结果分为由电力交易机构在电力交易平台进行出清计算形成的无约束结果和由电力调度机构通过安全校核后形成的安全校核后结果。

6.3.2.6 交易合同查看

在【绿电专区】首页，进入【绿电合同】列表页，绿电合同区分为省内合同和省间合同两类。在省内合同或省间合同分类下，选择需要查看合同的交易序列，可以查看合同电量、合同电价，见图6–45。

图 6–44 绿电交易结果查看

图 6–45 绿电交易合同查看

6.3.2.7 合同电量分解

系统支持售电公司对存在代理关系的零售用户按月分配合同电量。在【合同分解】页面，售电公司可以选择要分解的零售用户，按照总量分解、分时段分解、曲线分解三种方式进行电量分解，可以查看分解方式、分解月份、合同电量、已分解电量以及可分解电量等信息（见图 6-46）。其中，已分解电量和可分解电量根据售电公司已分解的合同电量动态更新。

6.3.2.8 结算结果查看

在【绿电专区】首页，进入【结算结果】列表页，结算结果区分为省内和省间两类。在省内或省间详情，查看结算数据和合同的详细信息。结算列表中，选择需要查看的结算单信息，进入【结算单详情】，可以查看结算电费、电量、电价及合同时间段等，见图 6-47。

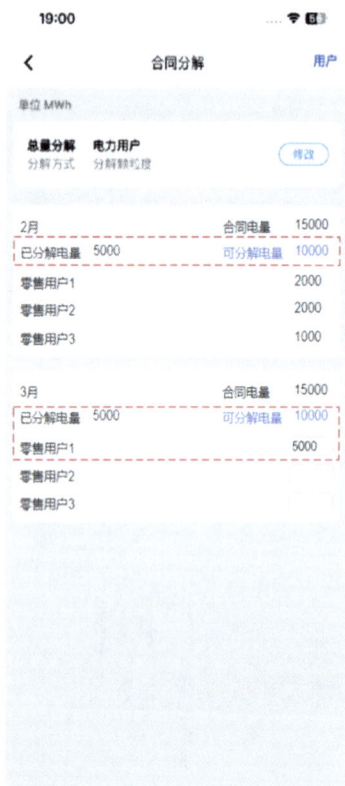

图 6-46　绿电合同电量分解

图 6-47　绿电结算结果查看

6.3.2.9 绿证查询

在【绿电专区】首页，进入【绿证查询】列表页，选择需要查看绿证的条目，点击进入【绿证认证】页面查看绿色电力消费凭证及绿色电力证书交易凭证信息；点击【消费凭证编号】可以查看由北京电力交易中心颁发的绿色电力消费凭证；点击【绿色电力证书】可以查看由国家能源局电力业务资质管理中心颁发的绿色电力证书交易凭证，见图6-48。

图6-48 绿证查询

7 绿证交易平台操作

7.1 平 台 功 能

　　绿证交易平台可帮助绿证交易主体进行绿证交易，并提供每日绿证交易市场总体情况，实现绿证划转、在线支付、绿证申请、绿证溯源、信息披露等功能，满足各类交易主体的交易需求。

　　绿证交易平台主要包括六大功能，即双边交易、挂牌交易、进行中订单、交易结果、用户绑定和绿证分配。

　　交易主体可通过省内或省间电力交易平台跳转至绿证交易平台 PC 端参与绿证交易，或通过"e–交易"App 参与绿证交易。

7.2 业 务 流 程

7.2.1　绿证双边协商交易流程

　　绿证双边协商交易是由绿证购售双方通过自主协商达成交易意向，确定交易数量、价格、支付方式等信息的一种交易方式。绿证双边协商交易流程见图 7–1。

7.2.2　绿证挂牌交易流程

　　绿证挂牌交易是由绿证售方通过绿证交易平台将绿证挂牌，再由绿证购方进行摘牌、支付的一种交易方式。绿证挂牌交易流程见图 7–2。

绿证 上架	绿证 确认	售方 申报	交易 确认
售方将绿证从国家绿证核发交易系统分配至绿证交易平台	售方对分配至绿证交易平台的绿证信息进行确认	售方搜索到购方企业名称后，发起交易申报	购方对售方申报的订单信息进行确认

申请 制证	确认 收款	付款	
购方对划转至己方账户的绿证提交制证申请并查看绿证	款项交割完成后，售方确认收款，绿证划转至购方账户	购方根据售方申报时选择的支付方式完成款项支付	

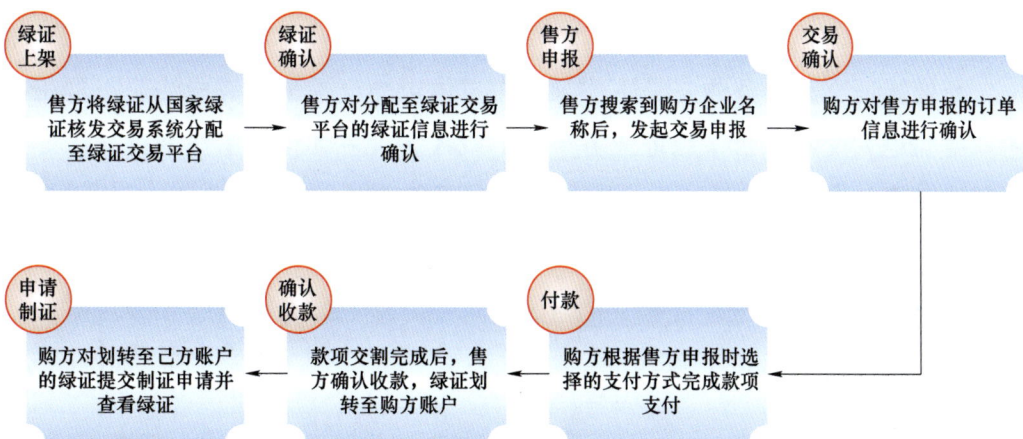

图 7-1　绿证双边协商交易流程

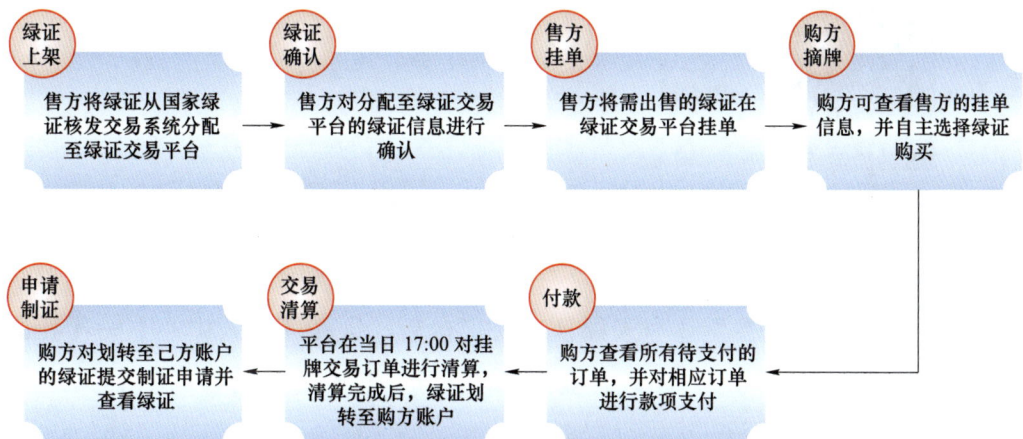

绿证 上架	绿证 确认	售方 挂单	购方 摘牌
售方将绿证从国家绿证核发交易系统分配至绿证交易平台	售方对分配至绿证交易平台的绿证信息进行确认	售方将需出售的绿证在绿证交易平台挂单	购方可查看售方的挂单信息，并自主选择绿证购买

申请 制证	交易 清算	付款	
购方对划转至己方账户的绿证提交制证申请并查看绿证	平台在当日 17:00 对挂牌交易订单进行清算，清算完成后，绿证划转至购方账户	购方查看所有待支付的订单，并对相应订单进行款项支付	

图 7-2　绿证挂牌交易流程

7.3　操　作　指　引

7.3.1　PC 端操作

绿证交易平台 PC 端涵盖双边协商交易、挂牌交易、在线支付、用户绑定与绿证分配、申请制证等多种功能，可满足不同经营主体的绿证交易需求。

7.3.1.1　绿证交易准备

在开展绿证交易前，绿证交易主体需依次完成业务开通、数据同步、证书办理、开户申请等准备工作。

1. 业务开通

新增绿证交易业务的交易主体须先在省内电力交易平台完成注册，再在省内或省间电力交易平台【绿证业务申请】或【绿证主体信息】页面提交绿证业务开通申请，由平台审核通过后即可登录绿证交易平台，见图7-3。

图 7-3　绿证业务开通

2. 数据同步

新注册的绿证交易主体登录绿证交易平台后，须在【个人中心】—【我的资料】页面进行数据同步，实现企业信息同步至绿证交易平台，见图7-4。

图 7-4　数据同步

3. 证书办理

绿证交易主体在交易过程中，需使用数字证书。可在电力交易平台【登录】

页面下载国网数字证书办理材料，按照材料指引办理证书（若绿证交易主体已拥有 UKEY 证书，可不再办理国网数字证书），见图 7-5。

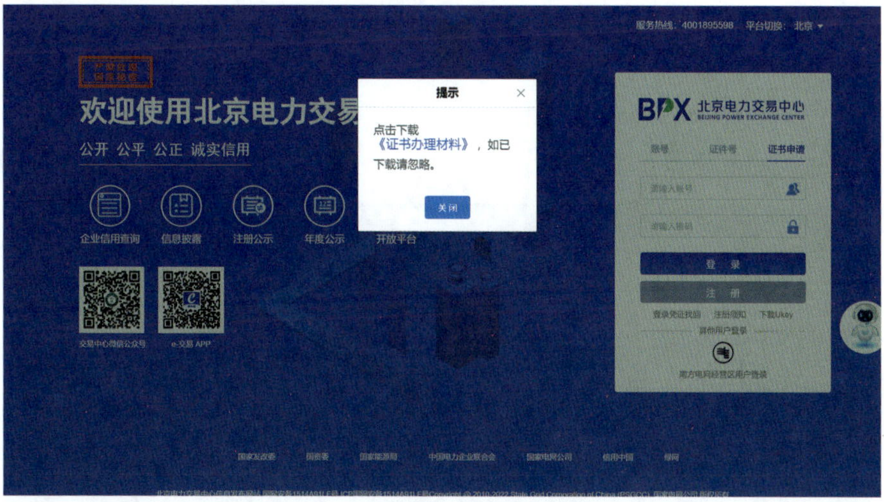

图 7-5　下载证书办理材料

4. 开户申请

绿证交易主体若选择挂牌交易或双边协商线上支付交易，则在交易前须先完成企业开户。绿证交易主体对从电力交易平台同步至绿证交易平台的账户信息检查无误后，在绿证交易平台【个人中心】—【企业开户】页面提交开户申请，见图 7-6。

图 7-6　开户申请

5. 绿证确认

绿证售方在进行绿证交易前，需先将绿证从国家绿证核发交易系统分配至北京电力交易平台，见图 7-7。分配完成即可登录绿证交易平台，在【个人中心】—【项目上架信息】页面对项目类型、补贴类型、绿证数量等信息确认无误后，可参与绿证交易，见图 7-8。

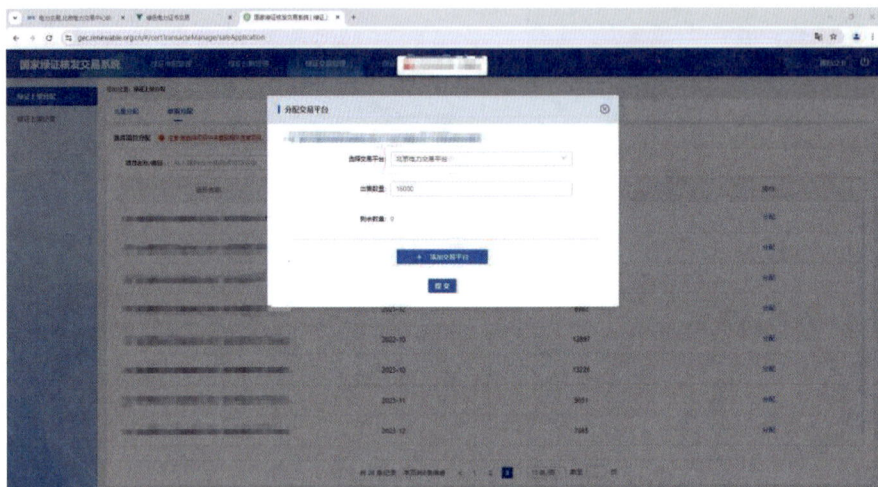

图 7-7 绿证分配

图 7-8 绿证确认

7.3.1.2 绿证双边协商交易操作

绿证购售双方可在线下签订绿证交易协议后，在绿证交易平台完成绿证划转。

1. 交易申报

绿证购售双方在线下自主协商后，登录绿证交易平台，点击"双边交易"，在【双边交易】页面搜索到购方企业名称后，点击"交易申报"，在【交易申报】页面进行绿证交易数量、价格、支付方式的填写，填写完成后提交即可，见图7-9。

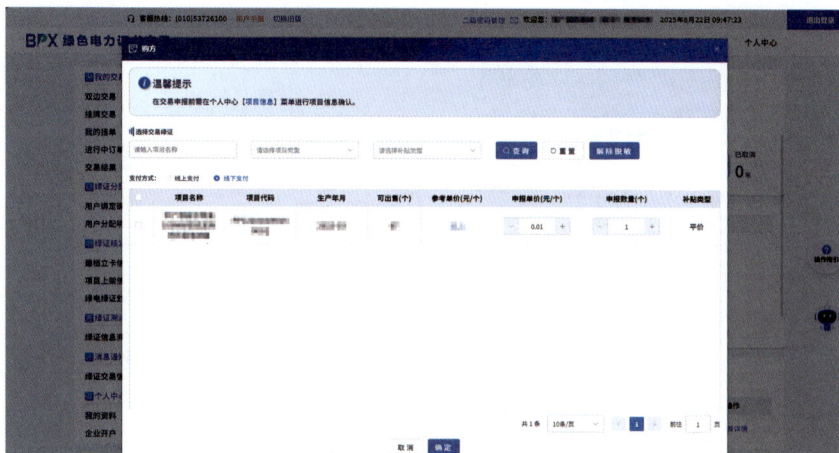

图7-9　交易申报

2. 交易确认

在绿证售方完成交易申报后，购方登录绿证交易平台，在【我的交易】—【双边交易】—【双边协商线下支付交易记录信息】或【双边协商线上支付交易记录信息】页面对售方申报的交易信息进行检查，核查无误后点击"确认"，见图7-10。

图7-10　交易确认

3. 确认收款

绿证购方线下完成款项支付后，绿证售方需在【双边交易】—【双边协商交易记录】页面进行"确认收款"操作，见图 7-11。

图 7-11　确认收款

4. 申请制证

绿证售方完成确认收款后，绿证交易平台自动将绿证由售方账户划转至购方账户。绿证购方可登录绿证交易平台，在【个人中心】—【个人账户】—【绿证交易明细】页面，对已完成的交易进行绿证制作申请，见图 7-12。

图 7-12　申请制证

7.3.1.3　挂牌交易操作

绿证售方可在绿证交易平台将需要挂牌交易的绿证进行挂单出售，供绿证购方自主选择购买。

1. 绿证挂单

绿证售方可登录绿证交易平台，在【我的交易】—【挂牌交易】—【挂牌】页面填写绿证数量、价格，核查无误后点击"确认"，见图 7-13。

图 7-13　绿证挂单

2. 绿证摘牌

绿证购方可在交易开放时间内登录绿证交易平台，在【我的交易】—【挂牌交易】页面自主选择绿证，点击"购买"，在弹出的页面填写需要购买的数量，点击"确认"，即可完成绿证摘牌操作，见图 7-14。

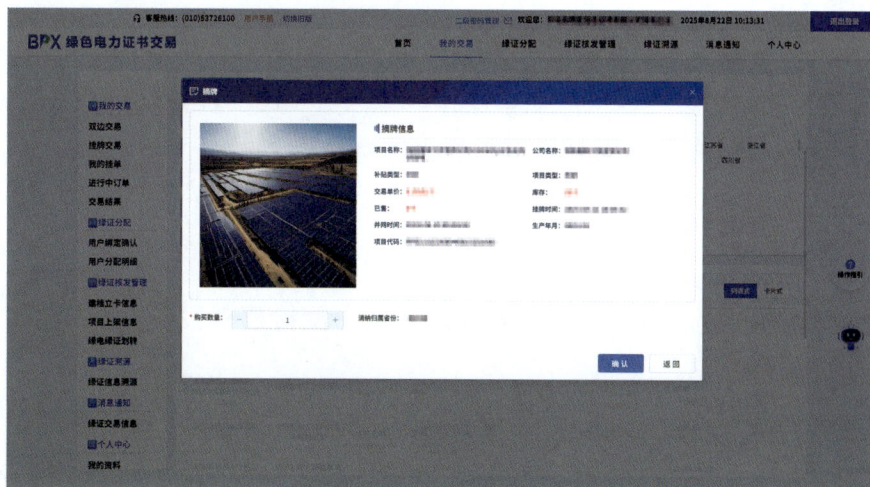

图 7-14　绿证摘牌

3. 付款

绿证购方完成摘牌后，可在绿证交易平台【我的交易】—【进行中订单】页面，查看待支付的订单，选择订单完成款项支付，见图 7-15。绿证交易平台确认购方支付成功后，自动将售方账户的绿证划转至购方账户。

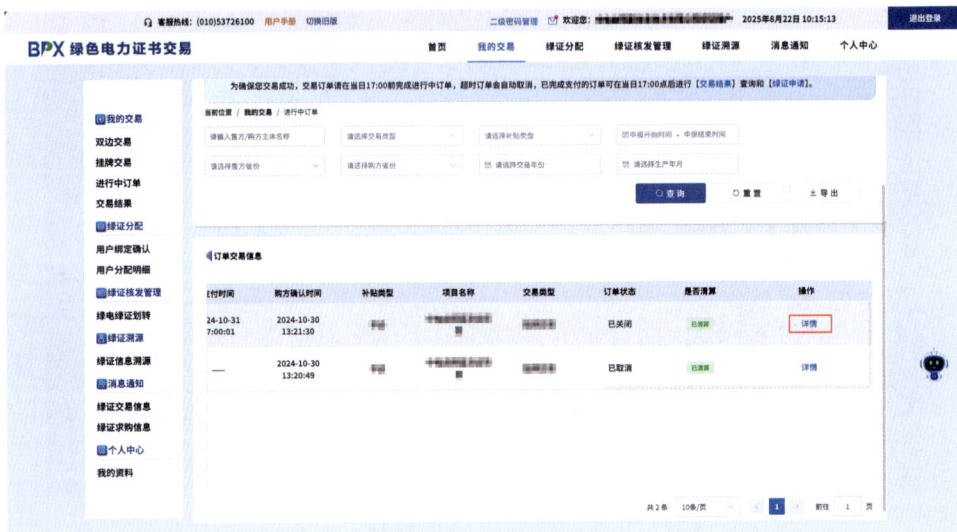

图 7-15　付款

4. 申请制证

完成挂牌交易后，绿证购方可在对应页面申请制证。具体操作步骤可参考双边协商交易中的申请制证操作指引。

5. 绿证撤单

绿证售方若需要撤下正在挂单中的绿证，可在绿证交易平台【我的交易】—【我的挂单】页面完成对绿证的撤单操作，见图 7-16。若售方挂单中的绿证已被购方锁定，包括购方已支付但绿证暂未划转和购方已确认交易但未完成支付两种情况，售方均无法撤单。

7.3.1.4　绿证分配

在绿证交易中，售电公司购入绿证后，再分配给建立代理关系的电力用户。

1. 绑定用户

售电公司须主动对电力用户发起绑定，在绿证交易平台【绿证分配】—【售电公司绑定用户】—【电力用户选择】页面，新增与电力用户的代理关系，见图 7-17，待电力用户接受绑定后，双方建立代理关系。售电公司可以同时绑定多家电力用户，电力用户一次只能绑定一家售电公司，且电力零售绑定关系与绿证交易绑定关系相互独立、互不关联。

图 7-16 绿证撤单

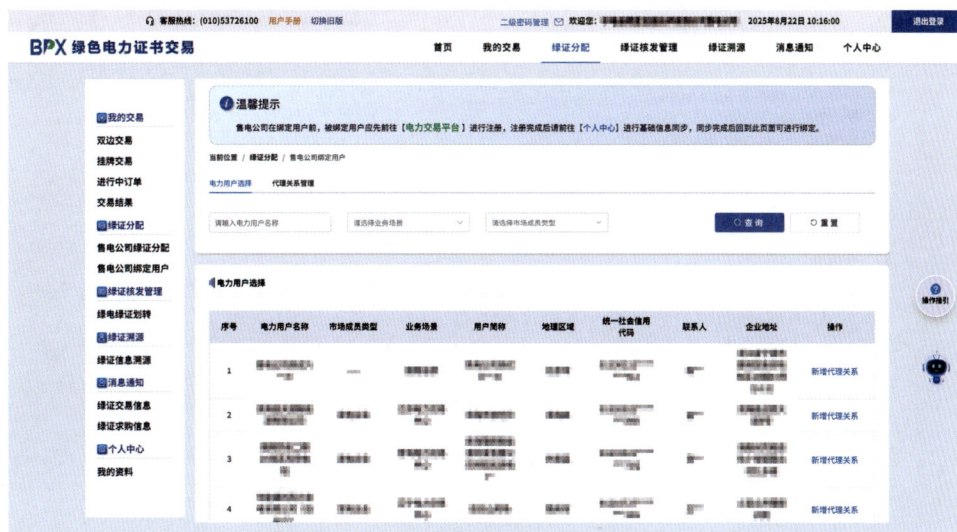

图 7-17 绑定用户

2. 绿证分配

售电公司可向已建立代理关系的电力用户分配绿证，在绿证交易平台【绿证分配】页面，选择待分配的绿证，选择电力用户并填写绿证数量后，点击"确认分配"完成分配操作，见图 7-18。

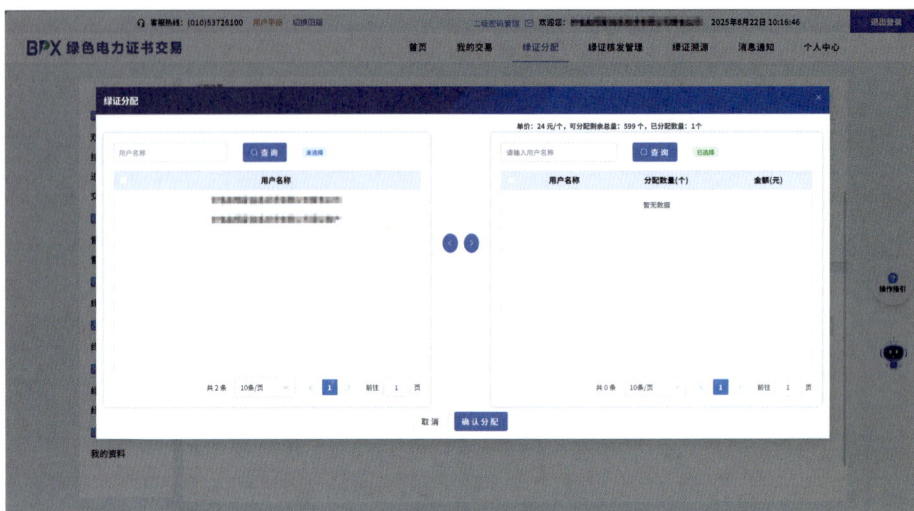

图 7-18　绿证分配

3. 申请制证

售电公司完成绿证分配后，电力用户可在绿证交易平台【绿证分配】—【用户分配明细】页面，对绿证发起制证申请，见图 7-19。

图 7-19　绿证申请

4. 解绑用户

售电公司若需要对已建立代理关系的用户解除绑定关系，在绿证交易平台【绿证分配】—【售电公司绑定用户】—【代理关系管理】页面，对电力用户发起解除绑定，见图 7-20。待电力用户同意解绑后，双方解除代理关系。

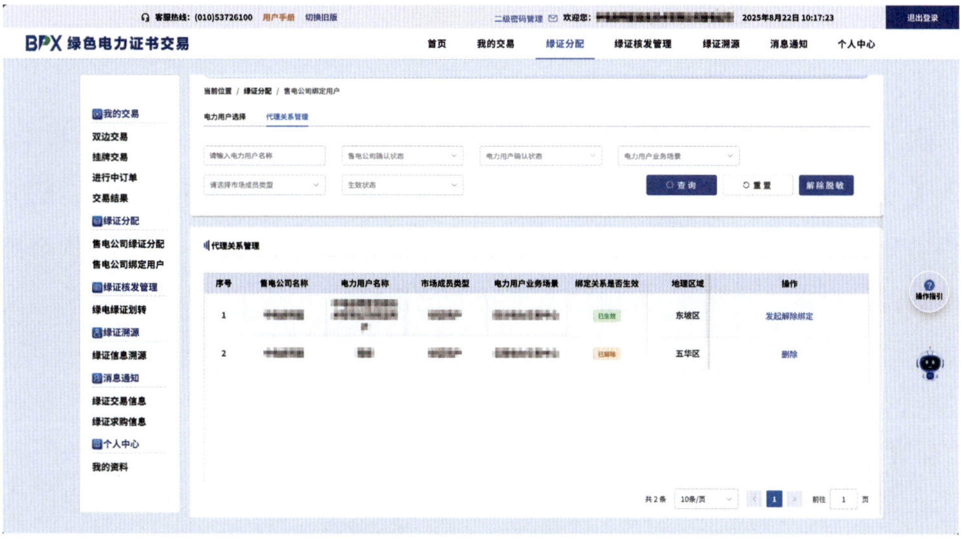

图 7-20　解绑用户

7.3.2　"e-交易"移动端操作

7.3.2.1　绿证双边协商交易

7.3.2.1.1　售方申报

售方在"e-交易"App 绿证专区【双边交易】界面，点击"＋"按钮，进入【选择购方单位】页面（见图 7-21），在搜索框位置搜索绿证购方的名称，并根据搜索结果选择购方单位，点击下方"交易申报"按钮，进入【双边交易】界面（见图 7-22）。在购方单位下方选择最晚付款时间，勾选绿证项目类型，填写申报单价、申报数量，点击"提交申报"按钮，弹窗提示确认信息，核对交易数量和交易总额，信息准确无误后，点击"确认"按钮，进行数字证书安全校验，输入数字证书 6 位 PIN 码完成校验后，则生成一笔绿证双边协商的订单，等待购方确认订单信息并完成付款，见图 7-22。售方可在【绿证专区】—【订

图 7-21　绿证专区双边交易

单管理】中查询该笔订单的状态。

7.3.2.1.2 购方确认

购方在"e-交易"App绿证专区【双边交易】界面，点击【双边申报卡片】进入【双边交易确认】页面，核对项目类型、交易数量、价格等信息。购方可对该笔交易进行确认或拒绝操作，见图7-23。点击"确认"，则订单状态更新为待支付。点击"拒绝"，订单状态更新为已拒绝。

图7-22 售方申报

图7-23 双边交易界面

7.3.2.1.3 售方确认收款

售方可在【绿证专区】—【订单管理】中查询交易订单状态。当购方已确认订单信息，该笔订单状态将由"待购方确认"变更为"待支付"，此时需由售方确认购方是否已完成付款，若已完成线下付款，则售方在订单管理中点击"确认收款"完成交易，订单状态更新为已支付，见图7-24。

7.3.2.2 查看交易明细

购售双方均可在"e-交易"App【绿证专区】—【个人账户】中可查询绿证交易明细，见图7-25。交易明细中显示绿证编号、购/售方名称、项目名称、交易类型、成交时间、成交数量和成交金额等信息，点击所查询的订单卡片可查看交易详情信息,见图 7-26。若购方已申请制证,则可在【交易详情】底部点击"查看绿证",查询所核发给用户的绿色电力证书交易凭证,见图 7-27。

图 7-24 售方确认收款

图 7-25 绿证交易明细查看

图 7-26 交易详情查看

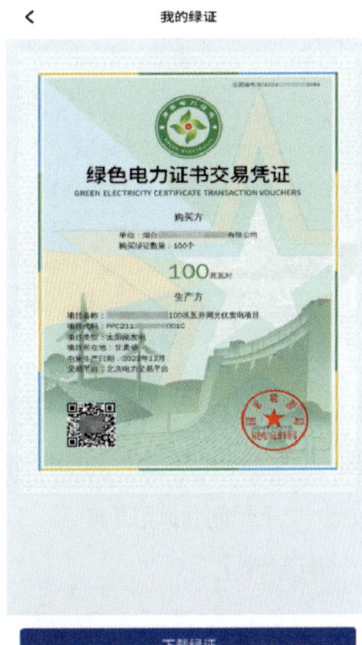

图 7-27 查看绿证

7.3.2.3　绿证分配

售电公司购入绿证后，在"e–交易"App【绿证专区】—【我的绿证】页面，点击右上角"绿证分配"跳转至【我的绿证】列表，见图7–28。列表中每个项目可显示为"已分配"和"未分配"两种状态。

选择状态为"未分配"的绿证项目，点击"绿证分配"，进入【绿证分配】页面，在已绑定零售用户后面的输入框内填写分配数量，点击"确认"完成绿证分配操作，见图7–29。

图7–28　绿证列表

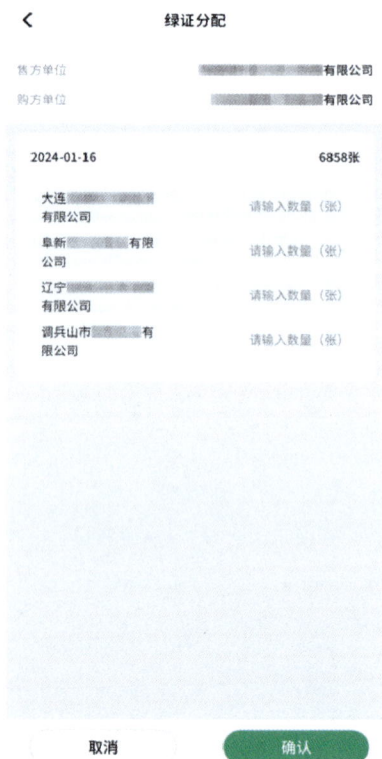

图7–29　绿证分配

售电公司在【个人账户】—【绿证交易详情】中，点击底部"查看分配情况"按钮，可查询分配给代理用户的明细信息，包括绿证编号、用户名称、分配绿证数量、分配时间等信息。

7.3.2.4　申请制证

购售双方完成交易后，购方需提交申请交易凭证流程，才可获得国家能源局电力业务资质管理中心颁发的绿色电力证书交易凭证。其中，购方若为售电公司，需先将绿证分配给被代理的用户，由被代理的用户自行完成申请制证。

　　绿证交易的确认方进入【绿证专区】—【个人账户】页面，直接购买绿证的电力用户，可进入【绿证交易明细】页面，查看详细的交易信息，并可在该页面申请制证。售电公司的代理用户可以在【用户分配明细】页面查看售电公司为其分配的绿证详情，并发起申请制证，见图7-30。

　　制证完成后，可在交易详情中查看绿证信息。

图7-30　申请制证

8

绿色电力消费核算平台操作

8.1 平台功能

绿色电力消费核算平台是一个准确记录各类主体绿色电力消费情况的信息平台，为具备绿色消费行为的用户建立绿色电力消费核算账户体系，实现用户对绿色电力消费数据的分类管理和核算，为用户提供绿色电力消费数据的可视化呈现，见图 8-1。平台主要实现核算账户管理、组织账户管理、基础数据管理、系统管理等功能，能够展示全网绿色电力消费总量以及各行业、各区域的绿色电力消费排名情况。

图 8-1 绿色电力消费核算平台首页系统截图

（1）核算账户管理：支持用户账户信息维护，查看核算账户的绿证、绿电、自发自用电量，进行绿色电力消费核算。

（2）组织账户管理：依据政府有关部门的要求和授权，支持对各级行政区、企业集团和产业园区等整体绿色电力消费情况进行数据汇总、统计。

（3）基础数据管理：支持用户查看账户电量信息，根据需要自行申报绿证、自发自用电量。

（4）系统管理：支持查看系统日志、绿色电力消费核算平台发布的公告等。

8.2　业　务　流　程

8.2.1　消费核算业务流程

用户根据自身需求，基于核算账户，选择某一时间段内的绿色消费情况进行消费核算，形成绿色电力消费核算清单。

消费核算业务流程见图8-2。

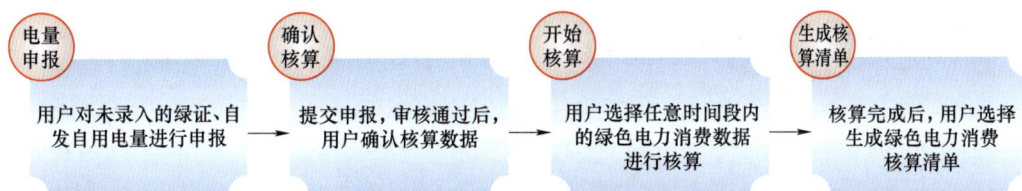

电量申报	确认核算	开始核算	生成核算清单
用户对未录入的绿证、自发自用电量进行申报	提交申报，审核通过后，用户确认核算数据	用户选择任意时间段内的绿色电力消费数据进行核算	核算完成后，用户选择生成绿色电力消费核算清单

图8-2　消费核算业务流程

8.2.2　绿色电力消费聚合统计业务流程

绿色电力消费聚合统计实现组织账户内所有下级核算账户的绿色电力消费情况的汇总统计，并支持查看绿色电力消费明细。

绿色电力消费聚合统计业务流程见图8-3。

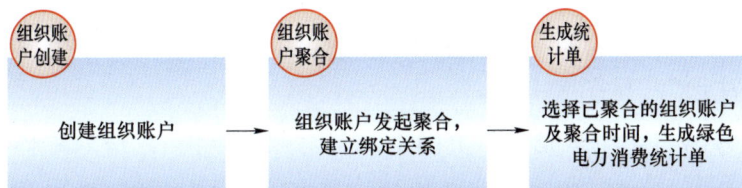

组织账户创建	组织账户聚合	生成统计单
创建组织账户	组织账户发起聚合，建立绑定关系	选择已聚合的组织账户及聚合时间，生成绿色电力消费统计单

图8-3　绿色电力消费聚合统计业务流程

8.3 操 作 指 引

本节将从主体注册、核算流程、聚合流程三方面介绍绿色电力消费核算平台的核心操作，通过操作指引，用户可完成绿色电力消费核算、组织账户聚合统计等。

8.3.1 主体注册

具有电力交易平台账号的市场主体可直接登录绿色电力消费核算平台。

无电力交易平台账号的市场主体可通过新一代电力交易平台进行注册。其中，主体注册需要以法人为单位，填报企业相关信息等，申请成为消费核算主体。具体注册流程如下：

（1）进入电力交易平台【首页】，点击"注册"，见图8-4。

图8-4 主体注册

（2）账号类型选择【企业账号】，点击"下一步"，填报注册信息，核实无误后点击"注册"，见图8-5。

（3）在弹出的【注册成功】页面中点击"业务申请"，进入主体类型选择页面，见图8-6。选择绿色电力消费核算主体注册，阅读并同意相关协议，点击"下一步"。

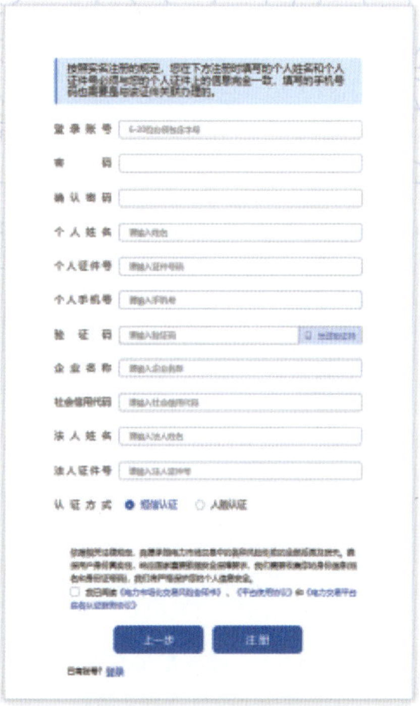

图 8–5　企业信息完善

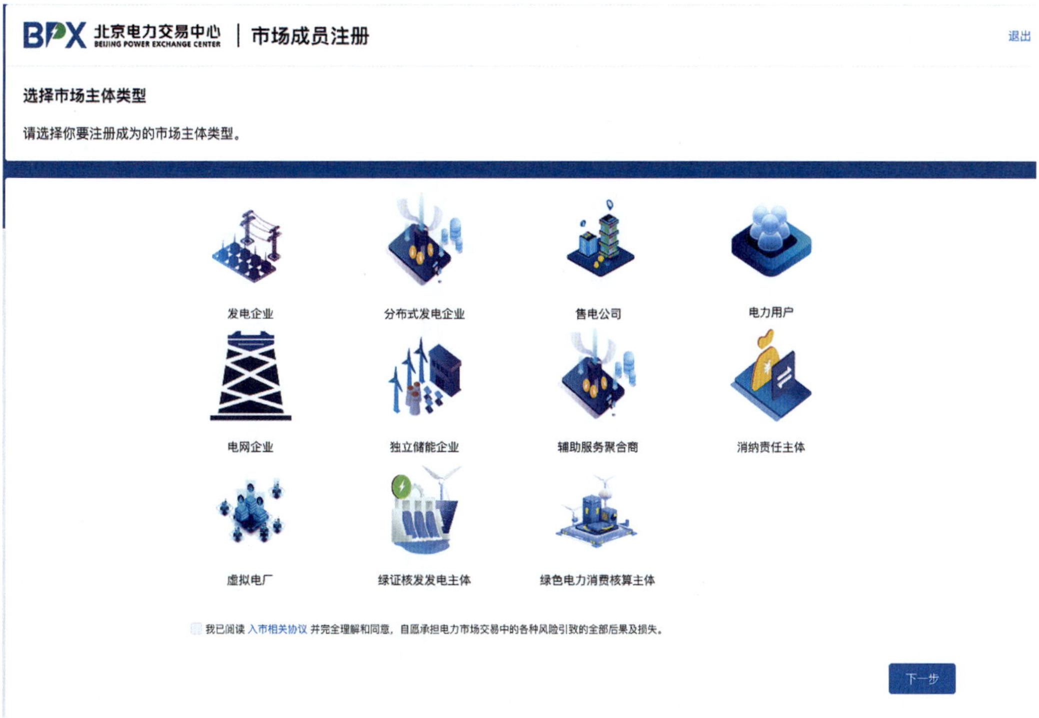

图 8–6　选择市场主体类型

（4）填写工商信息、企业基本信息、联系信息等，点击"下一步"，见图8-7。

图8-7　填写企业信息

（5）签订注册协议，具体包括联系人授权文件、电力交易平台注册协议等，见图8-8。

图8-8　签订注册协议

（6）系统提示注册信息提交成功，注册完成，见图8-9。

图 8-9   完成注册

8.3.2   账户核算

1. 核算账户信息维护

首次进行核算前，市场主体需进入【核算账户管理】—【核算账户维护】，对核算账户信息进行填报、核对，见图 8-10。

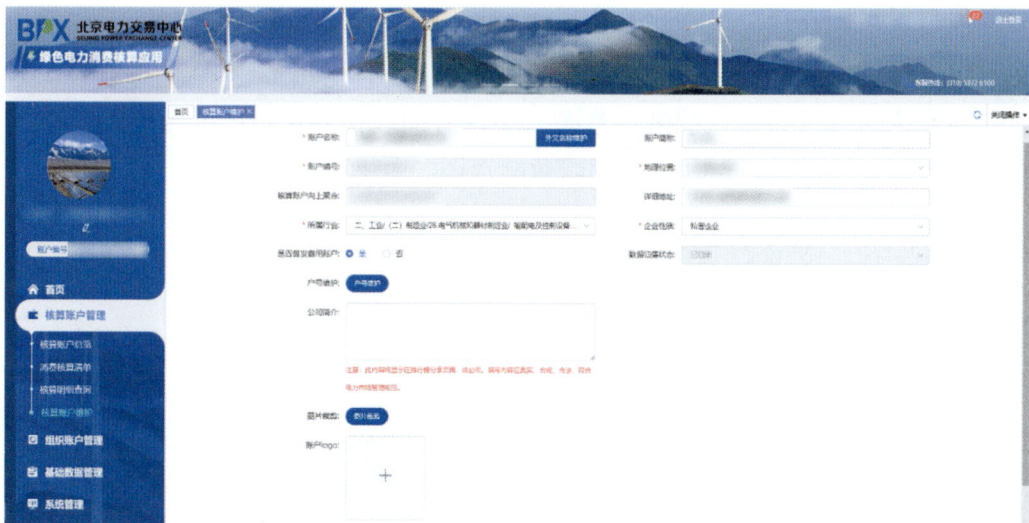

图 8-10   核算账户信息维护

2. 电量信息查询

进入【基础数据管理】—【电量信息查询】，输入交易名称、合同名称和结算周期，能够查询符合查询要求的电量信息详情，并确认电量信息数据，见图 8－11。

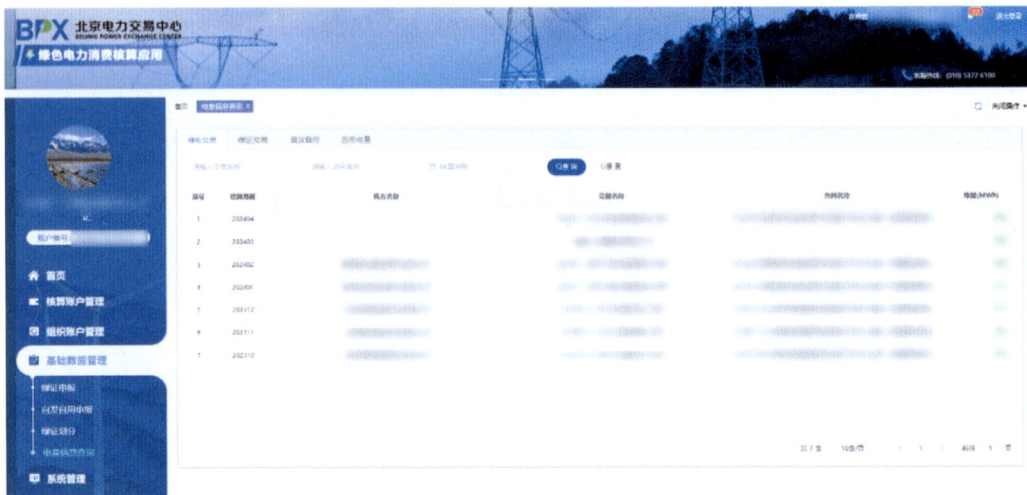

图 8－11　电量信息查询

3. 电量申报

电量申报分为绿证申报和自发自用申报，非北京电力交易平台购买的绿证也可以进行申报。若存在未录入的绿证、自发自用数据，可选择进行绿证申报、自发自用申报。

（1）绿证申报。进入【基础数据管理】—【绿证申报】，录入绿证信息，根据自身需求选择单条录入或者批量录入某一时间段需要申报的绿证信息，申报成功后，绿证交易信息自动录入到核算账户中，见图 8－12。

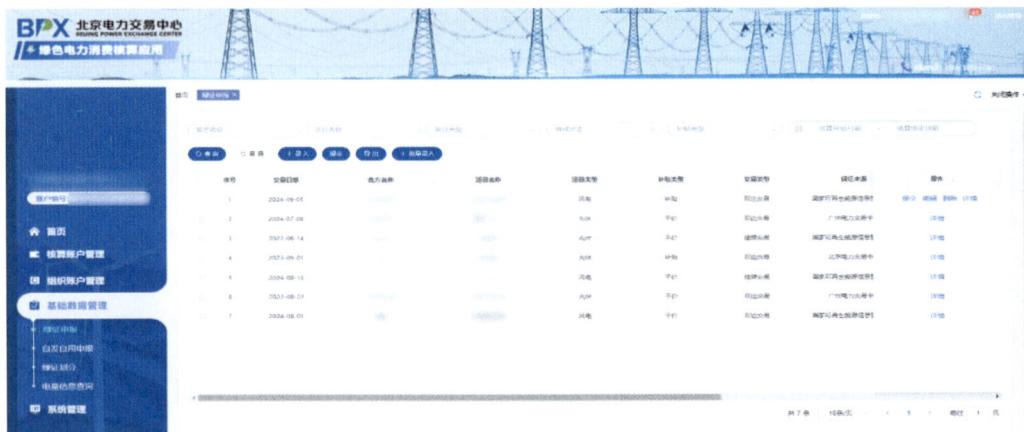

图 8－12　绿证申报

（2）自发自用申报。进入【基础数据管理】—【自发自用申报】，录入新增的自发自用电量信息，填写需要申报的自发自用电量信息，申报成功后，自发自用电量信息自动录入到核算账户，见图 8-13。

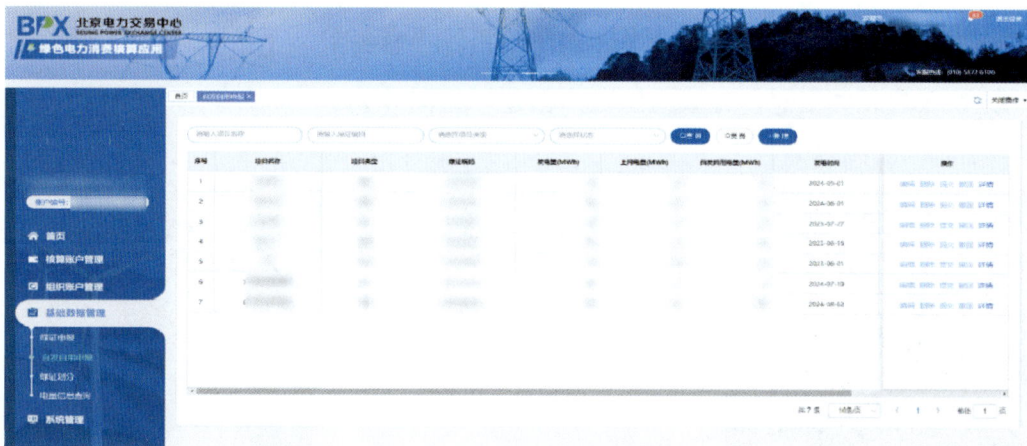

图 8-13 自发自用申报

4. 绿色电力消费核算

确认绿色电力消费基础信息无误后，可进入【核算账户管理】—【消费核算清单】，按所需时间段进行绿色电力消费核算，见图 8-14。生成的绿色电力消费核算清单由清单主页和附件构成，分别可查看核算概览信息及详细消费明细。若消费核算基础数据有变更，可重新提交核算。可便捷下载生效的消费核算清单。

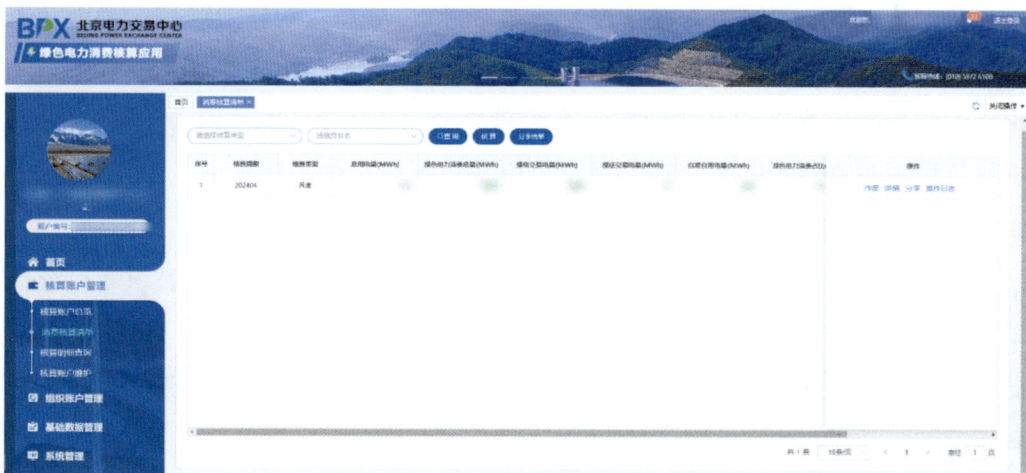

图 8-14 核算清单生成

8.3.3　组织账户核算

组织账户核算主要统计集团或园区等组织的绿色消费数据。

1. 组织账户创建

企业集团或园区等组织进入点击【组织账户管理】—【组织账户维护】，填写组织账户相关信息，完成组织账户创建，见图 8-15。

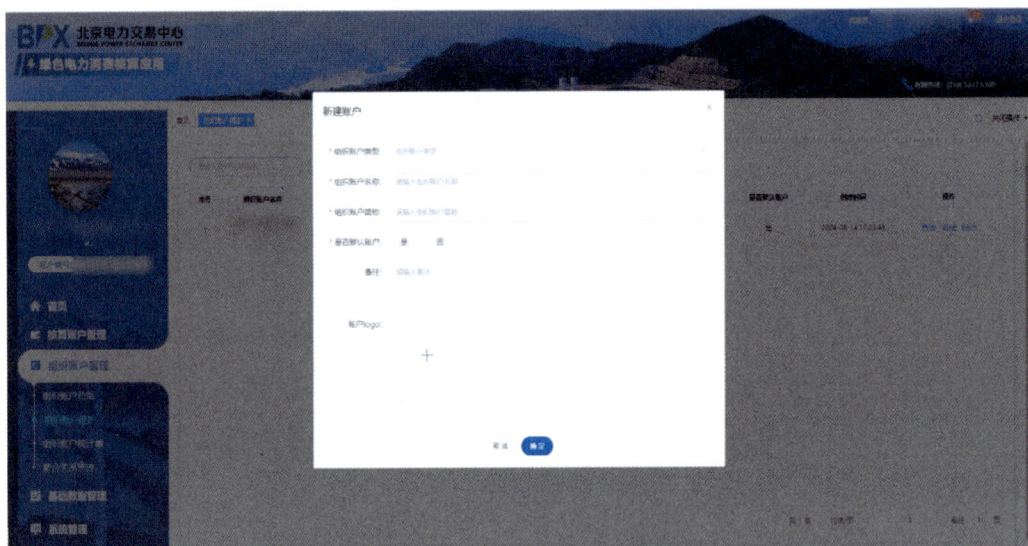

图 8-15　组织账户创建

2. 建立聚合关系

进入【组织账户管理】—【聚合关系管理】，选择需聚合的账户，点击"聚合"，完成组织账户聚合，见图 8-16。被聚合对象需提前完成系统注册，否则无法发起聚合。聚合关系生效后，上级单位获得下级单位绿色电力消费核算数据统计权限。若组织关系变动，用户可根据实际情况选择解绑。

3. 生成组织账户统计单

组织账户完成聚合关系绑定后，进入【组织账户管理】—【组织账户统计单】，可按月、年度发起组织账户聚合统计，生成组织账户统计单，见图 8-17。此统计单由绿色电力消费统计单和附件组成，分别可查看绿色消费信息概览及消费明细。

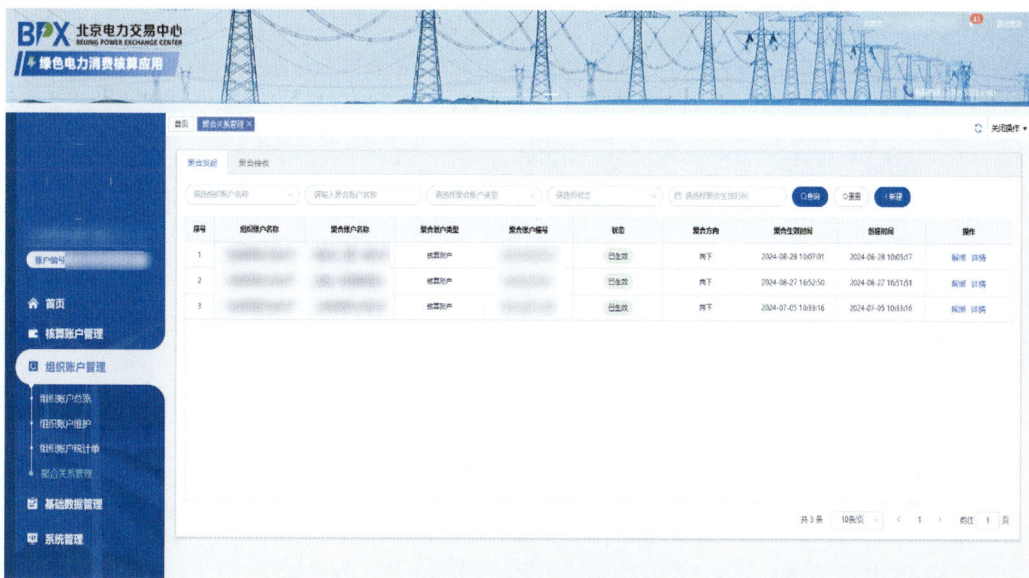

图 8-16　建立聚合关系

图 8-17　组织账户统计单

第四篇 应用场景

　　随着我国"双碳"工作的推进、国际绿色贸易壁垒相关政策的出台以及供应链绿色发展需求的增强，可再生能源绿色环境价值能够在能耗、碳排放、碳关税等政策机制中发挥重要作用。本篇聚焦绿色电力消费核算认证、可再生能源消纳保障机制、能耗双控机制、碳排放核算等国内应用场景，以及RE100、欧盟碳边境调节机制、欧盟电池法案等国际应用场景，介绍了相关政策背景、政策要求、绿电绿证应用方式以及应用案例，为充分发挥可再生能源绿色环境价值提供了参考。

9 绿色电力消费核算认证

9.1 绿色电力消费核算认证政策情况

绿色电力消费核算认证业务是指经国家有关部门授权，依据绿电绿证交易平台账户记录的绿色电力消费数据（包括绿电交易量、绿证交易量、自发自用电量），对市场主体、企业集团、区域的绿色电力消费情况进行核算、认证和评价的服务。依托绿证建立科学规范、标准全面的绿色电力消费核算和认证体系，是当前市场和企业的迫切需要。绿色电力消费核算认证体系能够帮助用户掌握自身绿色电力使用情况，为用户消费绿色电力主张提供权威证明和支撑，减少社会、企业的甄别和认证成本，也是政府部门制定和落实鼓励绿色消费政策的基础和抓手，有力支撑了国家建立绿色生产生活方式以及促进能源消费绿色低碳转型。

自 2022 年以来，国家陆续发布了绿色电力消费核算认证相关政策，明确提出推进统一的绿色产品认证与标识体系建设，推动建立绿色能源消费评价体系，逐步建立基于绿证的绿色能源消费认证标准、制度和标识体系，激发绿证交易活力，进一步明确以绿证作为可再生能源电力消费量认定的基本凭证，电力用户依托绿电绿证交易账户进行绿色电力消费量核算，核算结果作为企业履行消纳可再生能源社会责任、完成可再生能源消纳责任权重和能耗双控考核的基准和依据。绿色电力认证相关政策见表 9-1。

表 9-1 绿色电力认证相关政策

时间	政策文件	主要内容
2022 年 1 月	《国家发展改革委 国家能源局关于完善能源绿色低碳转型体制机制和政策措施的意见》（发改能源〔2022〕206 号）	推进统一的绿色产品认证与标识体系建设，建立绿色能源消费认证机制

时间	政策文件	主要内容
2022 年 1 月	《国家发展改革委等部门关于印发〈促进绿色消费实施方案〉的通知》（发改就业〔2022〕107 号）	进一步完善并强化绿色低碳产品和服务标准、认证、标识体系
2022 年 6 月	《国家发展改革委　国家能源局　财政部　自然资源部　生态环境部　住房和城乡建设部　农业农村部　中国气象局　国家林业和草原局关于印发"十四五"可再生能源发展规划》（发改能源〔2021〕1445 号）	建立绿色能源消费评价、认证与标识体系
2022 年 8 月	《国家发展改革委　国家统计局　国家能源局关于进一步做好新增可再生能源消费不纳入能源消费总量控制有关工作的通知》（发改运行〔2022〕1258 号）	明确以绿证作为可再生能源电力消费量认定的基本凭证，电力用户持有的绿证作为核算绿色电力消费量的基准

9.2 绿电绿证应用

9.2.1 应用方式

我国认证体系可分为强制性认证和自愿性认证两类。其中，强制性认证是指国家将涉及健康安全、环境保护和公共安全的产品列入强制性认证目录，例如能效标识、水效标识属于强制性认证。自愿性认证是指相关组织（企业、机关等实体）为提高其产品、服务质量和管理水平而向认证机构自愿申请的认证活动，常见的绿色产品标识认证属于自愿性认证。绿色电力消费认证属于自愿性认证。

按照先易后难的原则，初期针对纳入国家节能减排目录的电力大用户开展绿色电力消费认证，逐步拓展到生产线认证，产品认证。

构建绿色电力消费核算体系是开展核算认证工作的基础，核算体系包含：绿电的定义和获取途径、绿色电力消费认证对象和范围、核算和认证方法、消费认证流程、评价指标、认证结果和监督机制等。我国已构建了符合国情的绿色电力消费核算体系，支撑相关核算服务的开展。

9.2.2 应用案例

近年来，绿电绿证交易在绿色电力消费核算认证方面得到了广泛应用，目前主要用于核算企业的绿色电力消费。

　　2024年6月12日举办的第二届电力市场发展论坛上，中国电力企业联合会、北京电力交易中心、广州电力交易中心、国家可再生能源信息管理中心联合发布了"2023年中国绿色电力（绿证）消费TOP100企业"（以下简称"TOP100企业"），如图9-1所示。2023年TOP100企业名录依据绿色电力消费数据形成，涵盖了能源、电信、石化、钢铁、互联网科技、汽车制造、生活服务等行业，充分展示了各行业企业在推动能源消费绿色转型、实现可持续发展方面作出的突出贡献。TOP100企业名录的发布，对于鼓励企业以能源消费绿色低碳转型实现绿色发展，营造全社会主动消费绿电氛围，激发绿色消费活力，推动形成绿色低碳生产生活方式具有重要意义。

TOP 中国绿色电力（绿证）消费 TOP100企业

序号	企业名称
1	国家能源投资集团有限责任公司
2	国家电力投资集团有限公司
3	中国石油化工集团有限公司
4	中国石油天然气集团有限公司
5	中国宝武钢铁集团有限公司
6	中国海洋石油集团有限公司
7	阿里巴巴集团
8	国家电网有限公司
9	河钢集团有限公司
10	中国电信集团有限公司
11	中国铝业集团有限公司
12	富士康科技集团有限公司
13	新疆东方希望有色金属有限公司
14	河北津西钢铁集团股份有限公司
15	佰恩光学（中国）有限公司
16	鹏鼎控股（深圳）股份有限公司
17	中国国家铁路集团有限公司
18	青海丽豪半导体材料有限公司
19	河北文丰实业集团有限公司
20	立讯精密工业股份有限公司
21	腾讯控股股份有限公司
22	京津冀润泽（廊坊）数字信息有限公司
23	河北安丰钢铁集团有限公司
24	晶科能源股份有限公司
25	比亚迪集团
26	华晨宝马汽车有限公司
27	河北纵横钢铁集团有限公司
28	中国第一汽车集团有限公司
29	张家口思柯柯数据有限公司
30	科思创聚合物（中国）有限公司
31	浙江省黄龙体育中心
32	奥特斯中国
33	中伟新材料股份有限公司
34	承德建龙特殊钢有限公司
35	中国建材集团有限公司
36	浙江吉利控股集团有限公司
37	陕西煤业化工集团有限责任公司
38	唐山裕威实业有限公司
39	湖北宜化集团有限责任公司
40	河北港口集团有限公司
41	上海德龙钢铁集团有限公司
42	河北燕山钢铁集团有限公司
43	百威投资（中国）有限公司
44	唐山市春兴特种钢有限公司
45	青岛啤酒股份有限公司
46	江西铜业集团有限公司
47	巴斯夫（中国）有限公司
48	中信泰富特钢集团有限公司
49	江西赣锋锂业集团股份有限公司
50	广西钢铁集团有限公司
51	国家石油天然气管网集团有限公司
52	青海省国有资产投资管理有限公司
53	北京汽车集团有限公司
54	承德露露矿业有限公司
55	北京金隅集团股份有限公司
56	杭州市地铁集团有限责任公司
57	中国兵器工业集团有限公司
58	营口忠旺铝材料有限公司
59	蓝思科技股份有限公司
60	滦平县伟源矿业有限责任公司
61	东亚精密金属科技（东莞）有限公司
62	青海华鼎钛合金冶炼有限责任公司
63	福建省能源石化集团有限责任公司
64	河北天宇投资有限公司
65	安捷利美维电子（厦门）有限责任公司
66	华为投资控股有限公司
67	上海商盈投资管理咨询有限公司
68	万国数据服务有限公司
69	民和天利硅业有限责任公司
70	华通精密线路板（惠州）股份有限公司
71	内蒙古伊利实业集团有限公司
72	江西蓝星星火有机硅有限公司
73	秦皇岛宏兴钢铁有限公司
74	苹果公司
75	柳钢集团
76	万华化学集团股份有限公司
77	中国南方电网有限责任公司
78	广东兴丰广投铝铝合金有限公司
79	海南钧达新能源科技股份有限公司
80	诺力升化学品（宁波）有限公司
81	湖北鑫泰冶金有限公司
82	爱森（中国）絮凝剂有限公司
83	新城控股集团股份有限公司
84	上海华谊控股集团有限公司
85	河北承大环保科技有限公司
86	唐山首唐宝生功能材料有限公司
87	广西金桂浆纸业有限公司
88	长春化工（盘锦）有限公司
89	瑚浦兰钓鱼有限公司
90	浙江荣盛控股集团有限公司
91	格尔木藏格钾肥有限公司
92	中迅电子（江苏）有限公司
93	中国五矿集团有限公司
94	唐山国嘉新能源有限公司
95	青海盐湖元品化工有限责任公司
96	青海盐湖钾业有限公司
97	万力轮胎股份有限公司
98	贵州茅台酒股份有限公司
99	廊坊市讯云数据科技有限公司
100	青海丼羊硅业有限公司

图9-1　2023年TOP100企业名录

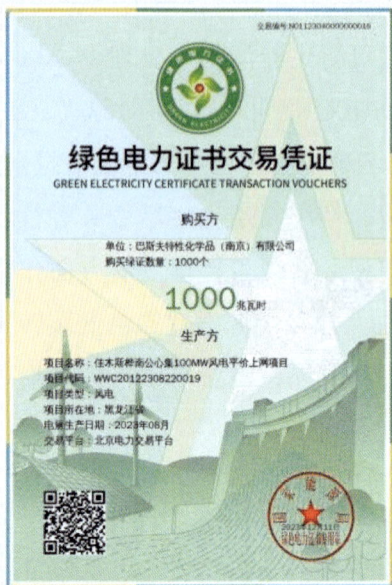

图 9-2 国家能源集团龙源电力佳木斯桦南公心集风电项目绿证交易凭证

企业消费绿电可以发挥央企示范带头作用、满足其总部绿色电力消费目标要求以及提升其出口竞争力等。国家能源集团为充分发挥央企示范带头作用，积极开展绿电绿证交易。绿证交易开市以来，国家能源集团成为申领和交易绿证最多的企业。2023 年 12 月 13 日，在国家能源局召开的绿证核发工作启动会上，国家能源集团获得全国首张新版绿证交易凭证（见图 9-2），并在 2023 年 TOP100 榜单中荣膺榜首。

科思创聚合物（中国）有限公司是全球领先的高品质聚合物及其组分的生产商之一。为满足总部绿色电力消费目标要求，科思创聚合物（中国）有限公司积极通过灵活多样的方式开展绿电绿证交易。2021—2023 年，科思创聚合物（中国）有限公司绿电交易量达 13 亿千瓦时，2023 年绿电用电量占总用电量的 41%，计划到 2030 年将绿电使用比例提升至 75%，并在 2035 年实现 100%使用绿电。

中国宝武钢铁集团有限公司是中央直接管理的国有重要骨干企业，其产品直接或间接出口到欧盟国家。面对欧盟碳边境调节机制的要求，需快速提升产品在国际贸易中的竞争力。中国宝武钢铁集团有限公司积极开展绿电绿证交易，应对国际碳排放相关贸易规则，提升国际竞争力。2022—2023 年，中国宝武钢铁集团有限公司绿电交易量超 10 亿千瓦时。企业目标是力争在 2023 年实现碳达峰、2025 年具备减碳 30%的工艺技术能力、2035 年力争减碳 30%（以 2020 年为基准），并在 2050 年实现碳中和。

10

可再生能源电力消纳保障机制

10.1　可再生能源电力消纳保障机制政策情况

可再生能源电力消纳保障机制，也称可再生能源配额制，即一个国家（或地区）用法律的形式对可再生能源电力在电力供给总量中所占的份额进行强制性规定，是一个以市场为基础的、公正的、不需要政府进行大量资金筹集和管理的政策模式。全球范围目前共有 100 多个国家或联邦州（省）实施了可再生能源配额制。

我国政府层面组织可再生能源配额制研究可以追溯到 2010 年，其间出台过多版征求意见稿，但因各方争议较大，一直未能出台。2016 年以来，随着我国可再生能源进入规模化发展的新阶段，可再生能源装机规模不断扩大，"三弃"（指弃水、弃风、弃光）突出，可再生能源的消纳问题被提升到战略高度，可再生能源配额制政策的出台再次被提上日程。2017 年，国家重启可再生能源配额制研究，于 2018 年下发三次征求意见稿，2019 年 5 月，《国家发展改革委　国家能源局关于建立健全可再生能源电力消纳保障机制的通知》（发改能源〔2019〕807 号）印发，其主要内容包括：一是按省级行政区域设定可再生能源电力消纳责任权重。按省级行政区域规定电力消费中应达到的可再生能源电量比重，包括可再生能源电力总量消纳责任权重（含水电）和非水电可再生能源电力消纳责任权重。二是明确由售电企业和电力用户共同承担消纳责任。承担消纳责任的市场主体包括两类：第一类是各类直接向电力用户供售电的电网企业、独立售电公司、拥有配电网运营权的售电公司；第二类是通过电力批发市场购电的电力用户和拥有自备电厂的企业。三是省级能源主管部门和电网企业分别承担消纳责任权重落实责任和组织责任。各省级能源主管部门牵头承担消纳责任权重落实责任，组织制定本省级行政区域可再生能源电力消纳实施方案；电网企业承担经营区消纳责任权重实施的组织责任，负责组织经营区内各承担消纳责任的市场主体完成可再生能源电力消纳。四是市场主体可以通过三种方式完成消纳责任。实际消纳可再生能源电量；向超额完成年度消纳量的市场主体购买其超额完成的可再生能源电力消纳量；自愿认购绿证。第一种为主要完成方式，第二、三种为补充（替代）方式。

之后，国家逐年发布相关年度文件，下发当年及次年度各省可再生能源消纳责任权重指标，并根据新形势对部分政策内容的执行方式进行调整。2021 年《国家发展改革委　国家能源局关于 2021 年可再生能源电力消纳责任权重及有关事项的通知》（发改能源〔2021〕704 号）印发，对可再生能源电力消纳责任权重的功能定位也进行了调整，可再生能源消纳责任权重成为各地区制定年度可再生能源电力建设规模、确定跨省跨区电力交易规模的重要依据。2023 年，《国家发展改革委办公厅　国家能源局综合司关于 2023 年可再生能源电力消纳责任权重及有关事项的通知》（发改办能源〔2023〕569 号），明确各省级行政区域可再生能源电力消纳责任权重完成情况以实际消纳的可再生能源物理电量为主要核算方式，各承担消纳责任的市场主体权重完成情况以自身持有的可再生能源绿色电力证书为主要核算方式。2024 年，《国家发展改革委办公厅　国家能源局综合司关于 2024 年可再生能源电力消纳责任权重及有关事项的通知》（发改办能源〔2024〕598 号），提出新设电解铝行业绿色电力消费比例目标。电解铝行业企业绿色电力消费比例完成情况以绿证核算。《国家发展改革委办公厅　国家能源局综合司关于 2025 年可再生能源电力消纳责任权重及有关事项的通知》（发改办能源〔2025〕669 号），结合新能源全面入市、全国碳排放权交易市场扩容、数据中心绿色低碳发展等，对年度可再生能源消纳保障机制执行提出新要求。一是考核指标设置方面，提出结合 2025 年消纳责任权重完成情况优化纳入新能源可持续发展价格结算机制的电量规模；二是重点用能行业绿色电力消费比例方面，在电解铝行业基础上，增设钢铁、水泥、多晶硅行业和国家枢纽节点新建数据中心绿色电力消费比例；三是权重完成情况核算方式方面，各省（自治区、直辖市）可再生能源电力消纳责任权重完成情况核算，以本省级行政区域实际消纳的物理电量为主、以省级绿证账户购买省外的绿证为辅。重点用能行业绿色电力消费比例完成情况核算以绿证为主；四是考核范围方面，2025 年各省（自治区、直辖市）对电解铝行业绿色电力消费比例完成情况进行考核，对钢铁、水泥、多晶硅和国家枢纽节点新建数据中心绿色电力消费比例完成情况只监测不考核；五是取消权重指标跨年度转移，2025年可再生能源电力消纳责任权重应在当年完成，不再转移至2026年。

10.2　绿电绿证应用

10.2.1　应用方式

我国可再生能源消纳保障机制正式出台于2019年。当时我国尚未建立绿电交易机制，绿证作为可再生能源生产消费唯一凭证的功能定位也尚未确立，因此我国可再生能源消纳保障机制将可再生能源电力物理量消纳作为主要完成方式，将《国家发展改革委　财政部　国家能源局联合下发关于试行可再生能源绿色电力证书核发及自愿认购交易制度的通知》（发改能源〔2017〕132号）建立的自愿认购绿证作为补充方式。

2021年以来，我国启动绿电交易，并对绿证制度作出重大调整，将绿证作为可再生能源生产消费的唯一凭证，并实现绿证核发全覆盖。我国可再生能源消纳保障机制也在逐步与绿证制度进行衔接。总体来看，目前绿电绿证在可再生能源消纳保障机制中的应用体现在以下方面：

一是绿电交易作为可再生能源物理消纳量，可以作为可再生能源消纳责任权重的主要完成方式。

二是绿证交易可作为完成消纳责任权重的补充方式。

三是绿证将逐渐成为重点用能行业完成绿色电力消费比例的核算方式。

2024年11月8日，第十四届全国人民代表大会常务委员会第十二次会议通过的《中华人民共和国能源法》第二十三条提出，国家完善可再生能源电力消纳保障机制。供电企业、售电企业、相关电力用户和使用自备电厂供电的企业等应当按照国家有关规定，承担消纳可再生能源发电量的责任。第三十四条明确，国家通过实施可再生能源绿色电力证书等制度建立绿色能源消费促进机制，鼓励能源用户优先使用可再生能源等清洁低碳能源。随着我国可再生能源电力消纳保障机制和绿证制度进一步完善，绿证与可再生能源消纳保障机制的衔接机制也将更加完善。

10.2.2 应用案例

新疆维吾尔自治区政府持续完善电力市场体制机制，加快释放用户可再生能源用能需求，促成自治区、13 个地州政府逐级出台可再生能源消纳政策，明确重点用能单位可再生能源消纳指标和比例，形成纵向合力压实重点用能企业的可再生能源消纳责任。在全国率先出台可再生能源电力消纳统计方法，将绿证纳入消纳量统计计算，消纳责任主体实际购买的绿证数量按规定分别统计到可再生能源电力消纳量，可再生能源消纳量即电网企业分配消纳量与市场化交易计算消纳量、自发自用可再生能源消纳量、购买超额消纳量、绿证交易量之和减去绿证划转清算量。此举有效推动了绿证在可再生能源电力消纳保障机制中的实际应用。

能源消费强度和总量双控

11

11.1　能源消费强度和总量双控政策情况

随着我国经济的快速发展，能源消耗量不断增加，资源环境约束日益趋紧。能源消耗与环境污染、温室气体排放等问题密切相关，对我国的生态环境质量造成严重影响。党的十八大以来，生态文明建设被纳入"五位一体"总体布局，成为国家发展的重要战略方向。能源消费强度和总量双控（以下简称"能耗双控"）政策旨在通过控制能源消费总量和强度来减少能源浪费，提高能源利用效率，是党中央、国务院加强生态文明建设的重要制度性安排。

能耗双控政策的主要内容包括两个方面：一是控制能源消费总量，即设定一定时期内的能源消费总量上限，限制全国和各地区的能源使用量，以避免能源过度消耗和资源浪费，提高资源利用效率，促进可持续发展。二是控制能源强度。能源强度是指一定时期内一个地区每生产一个单位的地区生产总值所消费的能源。通过控制能源强度，在经济增长的同时，降低能源消耗的比例。这需要企业和行业提高能效，优化能源结构，推动技术创新，以达到更高的能效水平。

能耗双控政策可以追溯到"十一五"期间的节能减排政策。经过"十二五""十三五"时期的逐步发展完善，能耗双控政策在全国范围内得以建立并实施，取得了显著成效。进入"十四五"时期，随着"双碳"目标的提出，能耗双控政策得到进一步优化完善。2021 年，国家进一步完善能耗双控政策，鼓励地方增加可再生能源消费，对超额完成激励性可再生能源电力消纳责任权重的地区，超出最低可再生能源电力消纳责任权重的消纳量不纳入该地区年度和五年规划当期能源消费总量考核。2024 年，《国家发展改革委　国家统计局　国家能源局印发关于加强绿色电力证书与节能降碳政策衔接大力促进非化石能源消费的通知》（发改环资〔2024〕113号），在完善节能降碳政策的基础上，提出绿证与能耗调控政策衔接措施，明确将绿证交易电量纳入节能评价考核指标核算，进一步发挥绿证可再生能源电力消费基础凭证作用。电力受入省份通过绿证交易抵扣的可再生能源消费量原则上不超过完成本地区"十四五"能耗强度下降目标所需节能量的50%。

11.2 绿电绿证应用

11.2.1 应用方式

根据《国家发展改革委 国家统计局 国家能源局印发关于加强绿色电力证书与节能降碳政策衔接大力促进非化石能源消费的通知》（发改环资〔2024〕113号），绿电绿证在能耗双控中的应用主要体现在以下方面：

一是绿证交易电量纳入节能评价考核指标核算，全面落实发挥绿证可再生能源电力消费基础凭证作用。落实可再生能源、核电等非化石能源消费量不纳入各地区能源消耗总量和强度控制，加强绿证与能耗调控政策的有效衔接，绿证对应电量纳入"十四五"省级人民政府节能目标责任评价考核指标核算，充分发挥绿证作为可再生能源电力消费基础凭证作用。

二是跨省绿电交易电量、跨省绿证交易对应电量纳入受端省可再生能源消费量，可在受端省节能目标责任评价考核指标核算中扣除。考虑到全国可再生能源绿证核发全覆盖还需要一个过程，能耗双控考核在核算可再生能源消费时，实施以物理电量为基础，跨省绿证交易为补充的可再生能源消费量扣除政策。参与跨省可再生能源市场化交易或绿电交易对应电量，按物理电量计入受端省份可再生能源消费量，对于绿证跨省交易电量，按交易流向计入受端省份可再生能源消费量，不再计入送端省份可再生能源消费量。跨省可再生能源市场化交易和绿电交易对应的绿证以及省内交易的绿证，相应电量在"十四五"省级人民政府节能目标责任评价考核指标核算中不再重复扣除。

三是省间交易绿证存在抵扣上限，不超过受端省完成"十四五"能耗强度下降目标所需节能量的50%。综合考虑各省能耗双控指标、可再生能源消纳责任权重指标，本着稳定起步原则，受端省份通过绿证交易抵扣的可再生能源消费量，原则上不超过本地区完成"十四五"能耗强度下降目标所需节能量的 50%。此外，明确纳入"十四五"省级人民政府节能目标责任评价考核指标核算的绿证，相应电量生产时间与评价考核年度保持一致。

11.2.2　应用案例

青海省西宁、海东等 5 个地市州积极购买绿证扩大可再生能源消费替代。2023 年青海数百家企业采购绿证达 1295 万张，有效支撑了青海省完成能耗双控指标考核，以实际行动助力打造国家清洁能源产业高地。

浙江省为落实绿证与节能降碳衔接政策，出台一系列地方政策，明确鼓励支持市场主体购买绿证，绿证对应电量不纳入企业节能目标责任考核。允许符合条件的新上项目通过购买绿证等形式，落实能耗平衡方案。对超出年度化石用能预算指标的企业，也可通过购买绿证抵扣超预算部分能耗。有效推动了绿证与节能降碳衔接政策落地实施。截至 2024 年年底，浙江购买绿证超 6000 万张，为浙江完成能耗双控指标考核提供了有力支撑。

12

碳 排 放 核 算

12.1　我国碳排放核算相关政策情况

12.1.1　我国碳排放权交易及核算情况

碳排放权交易是利用市场机制控制和减少温室气体排放的重要政策工具，交易标的是碳排放配额，主要功能为碳排放量控制和碳排放定价。碳排放权交易基于总量控制与交易原理进行设计，由政府设定碳排放总量上限，向重点行业控排企业（涉及发电、化工、钢铁等）发放配额，企业管理自身碳排放，根据配额余缺情况，可在碳市场中进行买卖，由市场决定价格。在配额交易基础上，开展碳期权、碳债券等碳金融产品交易，支持交易主体套期保值。

我国自 2011 年开始在北京等七省市开展碳排放权交易试点，试点市场于 2013 年陆续启动运行。2017 年 12 月，《国家发展改革委关于印发〈全国碳排放权交易市场建设方案（发电行业）〉的通知》（发改气候规〔2017〕2191 号）明确，启动全国碳市场建设。2018 年，主管部门转隶至生态环境部。2020 年 12 月，生态环境部公布《全国碳排放权交易管理办法（试行）》《2019 —2020 年全国碳排放权交易配额总量设定与分配实施方案（发电行业）》等文件，标志着全国碳市场首个履约周期❶正式启动。

碳排放权交易市场作为政策创造的市场，需要强有力的法律政策支撑主管部门执行碳市场各项管理工作。生态环境部陆续印发《企业温室气体排放报告核查指南（试行）》《碳排放权登记管理规则（试行）》《碳排放权交易管理规则

---

❶ 控排企业在规定的时间内，按照实际排放量清缴相应数量的配额，即完成履约。

（试行）》和《碳排放权结算管理规则（试行）》等实施细则，为全国碳市场建设和运行提供制度保障。2024 年 1 月，国务院第 23 次常务会议通过并公布《碳排放权交易管理暂行条例》（国令第 775 号），在充分吸收借鉴国务院各部门已有规章内容的基础上，总结实践经验，重在构建基本制度框架，坚持全流程管理，坚持问题导向，针对各级部门职责分工、碳排放数据造假等突出问题，着力完善制度机制，有效防范惩治，保障碳排放权交易政策功能发挥。

2021 年 7 月，全国碳市场正式上线，目前已顺利完成两个履约周期，进入第三履约周期。第一、二履约周期均仅覆盖发电行业，管控范围包括发电直接排放和购入电力产生的二氧化碳间接排放（占比极小）。进入第三个履约周期以来，碳市场顶层政策不断出台、管理机制加速健全，碳市场升级完善步伐提速。2024 年 10 月，生态环境部印发《关于做好 2023、2024 年度发电行业全国碳排放权交易配额分配及清缴相关工作的通知》（国环规气候〔2024〕1 号），提出重点排放单位因使用电力产生的二氧化碳间接排放不再纳入全国碳排放权交易市场管理范围。发电企业每年的间接排放量低于 500 万吨，在行业排放总量中的占比不足 0.1%，将间接排放纳入配额管理发挥的减排效果有限，却显著增加了报告、核算、核查的工作负担与监管成本。因此，不再将购入使用电力产生的二氧化碳间接排放纳入配额分配的范围。

企业碳排放报告与核查管理体系逐步完善。2023 年 10 月 18 日，《生态环境部关于做好 2023—2025 年部分重点行业企业温室气体排放报告与核查工作的通知》（环办气候函〔2023〕332 号），针对石化、化工、建材、钢铁、有色、造纸、民航等重点行业明确，直供重点行业企业使用且未并入市政电网、企业自发自用的非化石能源电量对应的排放量按 0 计算。通过市场化交易购入使用非化石能源电力的企业，需单独报告该部分电力消费量且提供相关证明材料。2024 年 9 月 14 日，生态环境部正式发布《企业温室气体排放核算与报告指南　水泥行业（CETS—AG—02.01—V01—2024）》《企业温室气体排放核查技术指南　水泥行业（CETS—VG—02.01—V01—2024）》和《企业温室气体排放核算与报告指南　铝冶炼行业（CETS—AG—04.01—V01—2024）》《企业温室气体排放核查技术指南　铝冶炼行业（CETS—VG—04.01—V01—2024）》等 4 项全国碳排放权交易市场技术规范。这是继发电行业核算报告及核查技术规范外，生态环境部发布的首批其他行业核算报告及核查技术规范，明确不再核算净外购电力和热力间接排放量。

12.1.2　我国碳排放双控制度情况

2021 年以来，我国出台多项政策明确推动能耗双控逐步转向碳排放双控。2021 年 3 月，《中华人民共和国国民经济和社会发展第十四个五年规划和 2035 年远景目标纲要》明确要实施以碳强度控制为主、碳排放总量控制为辅的制度。2021 年 12 月，中央经济工作会议首次指出，创造条件尽早实现能耗双控向碳排放总量和强度双控转变。2022 年 3 月，政府工作报告对这一决策再次作出强调，推动能耗双控向碳排放总量和强度双控转变。党的二十大报告提出，完善能源消耗总量和强度调控，重点控制化石能源消费，逐步转向碳排放总量和强度双控制度。2023 年 7 月，中央全面深化改革委员会第二次会议审议通过了《关于推动能耗双控逐步转向碳排放双控的意见》，标志着在能耗双控政策体系完善后，已经初步具备了转向碳排放双控的工作基础。2024 年 7 月，中共中央《关于进一步全面深化改革　推进中国式现代化的决定》提出要健全绿色低碳发展机制，建立能耗双控向碳排放双控全面转型新机制。

为落实党的二十届三中全会精神，我国推动构建完善的碳排放双控制度体系。2024 年 8 月，《国务院办公厅关于印发〈加快构建碳排放双控制度体系工作方案〉的通知》（国办发〔2024〕39 号）提出，加快构建碳排放总量和强度双控制度体系，将碳排放指标及相关要求纳入国家规划，建立健全地方碳考核、行业碳管控、企业碳管理、项目碳评价、产品碳足迹等政策制度和管理机制，并与全国碳排放权交易市场有效衔接，构建系统完备的碳排放双控制度体系，为实现"双碳"目标提供有力保障。2024 年 10 月，《国家发展改革委等部门关于印发完善碳排放统计核算体系工作方案的通知》（发改环资〔2024〕1479 号）明确，依托能源和工业统计、能源活动和工业生产过程碳排放核算、全国碳排放权交易市场、绿证交易市场等数据，开展重点行业领域碳排放核算。强化绿证在重点产品碳足迹核算体系中的应用。

12.1.3　我国零碳园区政策情况

近年来，为积极稳妥推进"碳达峰、碳中和"，加快经济社会发展全面转型，助力园区和企业减碳增效，助力新质生产力发展，国家积极推进零碳园区建设。《国务院关于印发 2030 年前碳达峰行动方案的通知》（国发〔2021〕23 号）提出实施园区节能降碳工程，打造一批达到国际先进水平的节能低碳园区；推动工业领域绿色低碳发展，建设绿色工厂和绿色工业园区。2024 年中央经济工作会议，提出建立一批零碳园区。2025 年政府工作报告明确，扎实开展国家碳达峰第二批试点，建立一批零碳园区、零碳工厂。2025 年 7 月,《国家发展改革委　工业和信息化部　国家能源局关于开展零碳园区建设的通知》（发改环资〔2025〕910 号）明确，支持有条件的地区率先建成一批零碳园区，逐步完善相关规划设计、技术装备、商业模式和管理规范，提出加快园区用能结构转型、大力推进园区节能降碳、调整优化园区产业结构、强化园区资源节约集约、完善升级园区基础设施、加强先进适用技术应用、提升园区能碳管理能力、支持园区加强改革创新等重点任务，鼓励各地区对零碳园区建设给予资金支持，通过地方政府专项债券资金等支持符合条件的项目，支持园区引入外部人才、技术和专业机构，服务企业节能降碳改造、碳排放核算管理、产品碳足迹认证等。

2023 年以来，山东、山西、陕西、浙江、安徽、四川等地陆续出台推进零碳园区建设试点方案，内蒙古、福建等出台零碳园区评估相关地方标准。浙江聚焦七大重点行业及新材料、新能源、高端装备等领域，开展零碳（近零碳）工厂培育建设。四川围绕资源加工、绿色高载能、外向出口等不同类型工业园区，建设零碳工业园区。内蒙古出台零碳产业园区建设规范地方标准，明确了园区能源系统、交通物流系统、建筑系统、基础设施系统、生产系统及生态系统的规范标准。

12.2　绿电绿证应用

在与碳市场衔接方面，根据生态环境部《企业温室气体排放核算与报告指南　水泥行业（CETS—AG—02.01—V01—2024)》《企业温室气体排放核查技术指南　水泥行业（CETS—VG—02.01—V01—2024)》和《企业温室气体排放核算与报告指南　铝冶炼行业（CETS—AG—04.01—V01—2024)》《企业温室气体排放核查技术指南　铝冶炼行业（CETS—VG—04.01—V01—2024)》等最新要求，全国碳市场只纳入直接排放，用电等间接排放不予考虑，绿电绿证与全国碳市场无直接关联。在目前运营的 8 个地方试点碳市场中，北京、上海、天津、湖北、重庆、深圳已出台政策，明确绿电交易电量按零碳排放核算。

2023 年 3 月，《天津市生态环境局关于做好天津市 2022 年度碳排放报告核查与履约等工作的通知》（津环气候〔2023〕25 号），在碳排放报告与核查中明确，各重点排放单位在核算净购入使用电量时，可申请扣除购入电网中绿电电量。绿电扣除申请表中，需明确年度共使用绿电电量，购入绿证数量，扣除绿电后，年度净购入电量以及净购入电力产生的二氧化碳排放量。同时，还需将绿证编号、发证日期、绿电来源、项目代码、绿电生产时间、绿电量等绿证信息填入申请表中。

2023 年 4 月，《北京市生态环境局关于做好 2023 年本市碳排放单位管理和碳排放权交易试点工作的通知》（京环发〔2023〕5 号），在碳排放核算和报告要求中明确，重点碳排放单位通过市场化手段购买使用的绿电碳排放量核算为零。重点碳排放单位需提供交易平台购买合同、结算凭证等材料，经审核通过后绿电部分碳排放量记为零。

2023 年 6 月，《上海市生态环境局关于调整本市碳交易企业外购电力中绿色电力碳排放核算方法的通知》（沪环气候〔2023〕89 号），明确碳排放权交易企业外购绿电在核算碳排放量时计为零排放。上海本市碳排放权交易企业可选择将外购绿电单独核算碳排放。外购绿电核算范围为通过北京电力交易中心绿色电力交易平台以省间交易方式购买并实际执行、结算的电量。外购绿电排放因子调整为 0 吨 $CO_2/10^4$ 千瓦时。

2023 年 11 月，《湖北省生态环境厅关于印发〈湖北省 2022 年度碳排放权配额分配方案〉的通知》（鄂环函〔2023〕201 号）明确，对于配额存在缺口的企业可进行绿电减排量抵销，抵销比例不超过该企业单位年度碳排放初始配额的 10%。绿电对应减排量用于履约抵销时仅限使用一次，减排量不可拆分使用，也不可结转到其他年度使用。

2024 年 8 月，《深圳市生态环境局关于印发〈深圳市 2024 年度碳排放配额分配方案〉的通知》明确，2024 年度配额短缺的重点排放单位可使用当年度内通过市场化手段购买消费的绿电核减其超额碳减排量。具体核减方法：重点排放单位 2024 年度碳排放核减量＝Min（年度绿电购买消费量×年度绿电核减因子，年度配额短缺量）。其中，2024 年度绿电碳排放核减因子取 0.4326 吨 CO_2/

兆瓦时，来源于《生态环境部　国际统计局关于发布 2021 年电力二氧化碳排放因子的公告》。

2024 年 9 月，《重庆市生态环境局办公室关于印发〈重庆市 2023 年度碳排放配额分配实施方案〉的通知》（渝环办〔2024〕162 号）明确，对于 2023 年度存在配额缺口的重点排放单位，2023 年度若有购入使用符合要求的市外绿色电力消费量，经核定其对应的减排量可用于抵销履约，抵销比例不超过年度配额缺口量的 8%（单个重点排放单位上限不超过 2000 吨），仅限抵销使用一次，不可拆分使用，也不可结转到其他年度使用。

在与碳核算衔接方面，《完善碳排放统计核算体系工作方案》（发改环资〔2024〕1479 号）提出要强化绿证在重点产品碳足迹核算体系中的应用，但还缺乏具体的管理规定。绿电绿证消费在区域、重点行业、企业、项目碳排放核算、产品碳足迹管理、国家温室气体排放因子数据库中的应用方式尚缺乏系统设计。

在零碳园区建设方面，《国家发展改革委　工业和信息化部　国家能源局关于开展零碳园区建设的通知》（发改环资〔2025〕910 号）明确鼓励园区参与绿证绿电交易。在零碳园区碳排放核算中，明确对于电力直供的非化石能源电力、绿证绿电交易获取的可再生能源电力，电力碳排放因子计为 0。从浙江、江苏、贵州等地方零碳园区建设方案来看，明确可通过分布式可再生能源就地开发利用、绿电绿证交易等方式，满足园区绿色电力消费。

13

RE100 国际倡议

13.1　RE100 国际倡议基本情况

RE100 是一项全球性、合作性的商业倡议，由国际非营利气候组织（The Climate Group，TCG）和另一个非营利性国际组织碳信息披露项目（Carbon Disclosure Project，CDP）共同合作发起和管理，旨在推动企业向 100%可再生电力过渡。自 2014 年建立以来，RE100 业务范围已扩展至欧洲、北美和亚太地区，业务遍布全球，涉及电信、零售、水泥和汽车制造等多个行业。目前已有约 500 多家大型企业申请加入 RE100。

RE100 对申请加入的成员企业进行绿色电力消费核算，且对其成员企业的影响力及用电量均有所要求。成员企业年用电量须达到 1 亿千瓦时以上。成员企业加入 RE100 需经过 CDP 认可，企业需具备专业能力，且限制化石燃料、航空公司、军火、赌博、烟草行业加入 RE100。

在认可的绿电来源方面，RE100 认可风电、太阳能发电、地热能发电、可持续来源的生物质发电（包括沼气）、可持续水电。

在认可的绿电交易采购方式方面，RE100 认可自发自用绿电、企业直购电协议（与发电企业签订 PPA，包括物理 PPA 和金融/虚拟 PPA）、与电力供应商的合同（特定项目供应合同、零售供应合同）、绿证交易、被动采购（买家并非自愿采购的，由电力公司/供应商默认交付的有能源属性证书支持的可再生能源电力；从电网采购电力，电网可再生能源比例超过 95%，且不存在可以主动从电网采购可再生能源电力的机制）。

13.2 绿电绿证应用

13.2.1 应用方式

RE100 认可绿电交易。RE100 认可直接与发电企业签订合同购买电量的交易。

RE100 认可绿证交易。RE100 于 2025 年 3 月在官网发布最新技术导则和问答文件，明确了企业在采用中国绿证进行可再生能源电力消费声明时，不再需要提供环境属性聚合证明和有效期证明，此前，企业如果使用中国绿证，仍需提供相应的证明材料。随后，RE100 于 2025 年 5 月正式宣布全面认可中国绿证，并强调中国绿证市场的成熟为在华企业实现 RE100 承诺提供了更好的选择。

近年来，我国对绿证制度作出重大调整，明确绿证是认定可再生能源电力生产、消费的唯一凭证，明确绿证与可再生能源补贴之间的关系，明确绿证与 CCER 的政策边界，从政策上保证了绿证环境属性的唯一性。RE100 全面认可中国绿证，标志着中国绿证制度的国际影响力显著提升，有利于进一步激发我国绿证市场活力。

13.2.2 应用案例

北京奔驰汽车有限公司（以下简称"北京奔驰"）是北京汽车股份有限公司与奔驰集团股份公司、奔驰（中国）投资有限公司共同投资的中德合资企业。在北汽集团"BLUE 卫蓝计划"及戴姆勒"雄心 2039"环保计划战略目标指引下，北京奔驰正在加速向新能源和智能化的方向转型。该公司购买绿电主要目的是完成 RE100 认证要求，通过向 RE100 提供绿电交易结算单和绿色电力消费凭证来证明自身绿色电力消费。北京奔驰 2023 年全年用电量约 6.5 亿千瓦时，其中绿电交易 2 亿千瓦时，占比 31%，2025 年绿电用量 3.5 亿千瓦时、2026 年绿电用量 4 亿千瓦时，逐步达到 100% 使用绿电。

远景科技集团有限公司是中国大陆第二、全球第四的风电整机厂商，是加入 RE100 的 6 家中国企业之一，企业目标为 2022 年年底实现全球运营碳中和，2028 年年底实现全价值链碳中和。该公司购买绿电主要目的是完成 RE100 认证要求和下游企业绿色供应链要求，通过提供绿色电力消费凭证和绿色电力证书来证明自身绿色电力消费。远景科技在 2022 年绿电使用比例达 94%，计划 2025 年实现 100%绿电使用。

14

欧盟碳相关贸易规则

14.1　欧盟碳边境调节机制要求

碳关税是指针对一个国家或地区进口或出口的高碳产品缴纳或退还相应的税费或碳配额。欧盟碳边境调节税（Carbon Border Adjustment Mechanism，CBAM）是欧盟"Fit for 55"减排计划（到 2030 年，欧盟温室气体排放量将比 1990 年基准至少降低 55%）的关键措施之一，也是欧盟碳市场建设发展的重要组成部分，旨在解决欧盟内外企业碳排放成本不对称造成的碳泄漏风险。

CBAM 采用普通立法程序，由欧盟委员会提出立法提案，由欧洲议会（代表全体公民）和欧盟理事会（代表欧盟各成员国）共同修订和批准。2021 年 7 月，欧盟委员会提出 CBAM 提案。2022 年 3、6 月，欧盟理事会、欧洲议会分别通过了各自的提案；同年 7—12 月，经过三方的四轮次协商，欧盟理事会和欧洲议会就 CBAM 具体内容达成临时协议。2023 年 2 月，欧洲议会下属环境、公共卫生和食品安全委员会投票通过 CBAM 协议文本；4 月 18 日，欧洲议会正式投票通过 CBAM 方案；4 月 25 日，欧盟理事会批准通过，完成立法程序；5 月 16 日，CBAM 法案文本在欧盟公报上发布，5 月 17 日起正式生效。

CBAM 的核心内容包括以下几方面：

（1）征收时间节点。2026 年为正式征收时间。2023 年 10 月 1 日—2025 年 12 月 31 日为过渡期，进口商仅履行报告义务，每年必须在 5 月 31 日前申报上一年进口到欧盟的货物数量及其碳排放量，不用缴纳任何费用；2026 年 1 月 1 日起，进口商开始支付 CBAM 费用。

（2）覆盖行业范围。首批覆盖钢铁、铝、水泥、电力（发电）、化肥、氢六类产品。CBAM 法案附件详细列出了覆盖的产品范围，主要为初级原材料及制成品（如钢管、螺丝和铝材等），不涉及汽车、光伏等集成产品。过渡期结束前，欧盟将进一步评估是否纳入有机化工和塑料，2030 年前可能扩展到欧盟碳市场涵盖的所有产品。

（3）支付价格的形成。输欧商品最终需要缴纳的碳税是根据欧盟碳定价规则生产的产品在欧盟碳市场支付的碳价格，减去进口货物在原产国（地区）已支付的碳价格。简而言之，对欧出口的中国企业需缴纳的碳关税为欧盟碳成本与中国碳成本之差。

（4）碳排放量核算。CBAM 将在特定情况下覆盖间接排放，间接排放将以明确界定的方式纳入。从目前的规定来看，过渡期结束后对水泥、电力和化肥这三类行业的核算将既考虑直接碳排放，也考虑间接碳排放。对其他行业是否纳入间接排放量也将进行重新评估。

CBAM 电力间接排放的计算分为排放因子法和实际值法。其中，排放因子法适用于外购电企业计算电力间接排放，计算原则是产品生产的耗电量乘以电力排放因子。排放因子有两种数据来源可供选择：一是 IEA 提供的原产国电力排放因子。二是如能提供可靠数据证明，可采用原产国平均排放因子。该因子可采用国内公布的全国、区域、省级电力平均排放因子。

实际值法适用于有自备电厂、与发电源直连，以及签署 PPA 的企业。符合以下条件的可再生能源供电可认定为零排放：一是与电源直连的认定条件。电源与生产设施位于同一地点，如果电源与生产设施通过线路直接连接的，则可以认定为与电源直连。二是购电协议认定条件。CBAM 相关文件中要求 PPA 合约上显示的电量须与实际生产过程中用电量相吻合；此外 CBAM 相关文件明确规定不接受非捆绑绿证，所有绿证均不可抵扣外购电力的碳排放。

14.2 欧盟电池法案认证要求

2006 年 9 月 6 日正式生效的《电池指令》（Directive 2006/66/EC）是欧盟第一份对电池领域作出指导性规定的文件。2020 年 12 月 10 日，欧盟委员会提出《欧盟电池和废电池法规》草案，旨在逐步废除 2006 年的《电池指令》（Directive 2006/66/EC），以确保投放欧盟市场的电池在整个生命周期中都变得可持续、高性能和安全。2023 年 8 月 17 日，《欧盟新电池法规》[（EU）2023/1542]（以下简称"新电池法规")正式落地生效,《电池指令》（Directive 2006/66/EC）也将在 2025 年被新电池法规废止。新电池法规对投放欧盟市场的电池的有害物质、碳足迹、再生原材料、电化学性能和耐用性、可拆卸性和可替换性、电池废弃物管理、标签等方面提出明确要求,自 2027 年起,动力电池出口到欧洲必须持有符合要求的电池护照。

新电池法规对全球所有产地（包括欧盟内部）的电池生产执行统一规则,其中容量大于 2 千瓦时的充电电池、汽车用蓄电池和轻型运输工具电池,需按照欧盟产品环境足迹计算方法（Product Environmental Footprint,PEF）,提供电池碳足迹报告。

新电池法规碳足迹核算方法是基于生命周期评价的方法,依据欧盟政府建立的统一的绿色产品评价标准,用于量化产品（商品或服务）的环境影响。根据 PEF 的要求,电池制造商按照"材料获取及预处理—主要产品生产—自身电力生产—分销—末期处理"全寿命周期五个环节计算各环节碳排放。

1. 2019 年 JRC 电池产品碳足迹核算方法

欧委会联合研究中心（Joint Research Centre,JRC）于 2019 年发布 PEF 方法报告,明确了电池产品生产过程电力碳排放量核算方法。

（1）使用自备可再生能源电厂发电,可单独计量该部分电量碳排放量。

（2）使用 PPA 签约的可再生能源电力,需要满足以下 3 个条件,才可以单独计算对应电量碳排放量:① 用户必须提供 PPA 合同,确定电力提供商;② 可再生能源环境价值未被重复计算;③ 申请 PEF 核算的时间尽可能接近合同适用期。

（3）使用混合电力,应统一使用该国家的排放因子进行计算。

2. 2023 年 JRC 电动汽车电池产品碳足迹核算方法

JRC 是欧盟电池法案碳足迹计算规则的技术支持方,JRC 于 2023 年发布的动力电池碳足迹计算方法报告一直是各界研究电池法案下电池碳足迹计算规则的重要参考。

2023 年 JRC 发布的动力电池碳足迹计算方法报告,给出四种电力建模方式。

（1）自备电厂现场发电。现场发电是指电力由耗能工厂厂区内的生产设备供应给工厂,并且生产设备通过直接专用连接与耗能工厂相连。如果耗能工厂也连接到电网,并且除了现场发电外,还有来自电网的电力（例如,在现场发电量低的时候），则应按照供应商特定电力产品或剩余电力消费组合或国家平均电力消费组合对所有来自电网的能源进行核算和建模。如果与现场发电相关的绿证已经出售给第三方，则不能在电池碳足迹中声称是现场发电。

（2）供应商特定电力产品。在供应商特定电力产品建模中，可以使用合同工具，但必须确保所使用的用于跟踪的合同工具的可靠性和唯一性。在电池碳足迹中使用的合同工具需要满足要求：可以传递属性、唯一声明、由符合特定标准的跟踪系统发布、在合同工具有效期内使用、报告实体的电力消耗业务与合同工具处于同一市场。

（3）剩余电力消费组合。在使用剩余电力消费组合时，应使用在生命周期数据网中专用于电池碳足迹的节点中注册的、用于模拟特定国家或地区剩余消费组合的二级数据集。否则，应使用国家或地区模拟的剩余消费组合。如果剩余消费组合是用自己的数据建模的，则应在电池碳足迹支持研究中提供电力来源、年份、地理边界、来自每个电力来源的百分比和背景数据集。

（4）国家平均电力消费组合。在使用国家或地区（欧盟）的平均电力消费结构时，应优先考虑国家。如果没有国家平均电力消费数据集，应使用生命周期数据网中专用于电池碳足迹的节点中注册的全球电力消费结构。

3. 2024年欧盟电池法案电动汽车电池产品碳足迹核算方法

2024年5月，欧盟为支持新电池法规中电动汽车电池碳足迹声明，发布了电动汽车电池碳足迹方法学草案，指导企业核算和申报电动车电池的碳足迹。本次方法学草案与2023年JRC报告存在较大出入。2024年欧盟发布的电动汽车电池碳足迹方法学草案，仅包含两种电力建模方式。

（1）可再生能源发电厂直连供电，则可使用自身电力消费组合因子计算。

（2）默认电力为混合电力，统一使用该国全国的平均电力消费组合因子进行计算。

14.3 绿电绿证应用

根据CBAM要求，新能源自发自用、直供电以及PPA方式购入的绿电，可在电力间接碳排放中被认定是零碳排放。企业可通过以上三类绿电消费方式应对欧盟碳边境调节机制，当前绿证交易不在被认可的范围内。目前欧盟尚未公布认定 PPA 的具体规则。根据 CBAM 规定的间接碳排放计算规则，可清晰溯源的绿电交易在技术上可以被认定为零碳排放。我国绿电交易具有"唯一性"与"可溯源性"，已得到欧盟的初步认可。

目前，欧盟电池碳足迹计算规则仍处于征求意见阶段，仅电力直连按照实际用电的碳排放核算，其他采用全国电力平均排放因子。针对当前版本的电池碳足迹核算规则草案，欧盟内部存在不同声音，德国政府于 2024 年 7 月致函欧盟委员会，反对草案的电力建模方式，呼吁纳入 PPA 等企业购电方式。欧洲化工委员会、欧洲电力工业联盟等十个具有影响力的行业协会与组织，于 2024 年 7 月发布联合声明，呼吁在电动汽车电池碳足迹计算方法中认可 PPA。因此，最终版正式规则中具体的电力建模方法仍存在不确定性。

附录 1

北京电力交易中心绿色电力交易实施细则

2024 年 4 月

目　　录

第一章　总则 ……………………………………………………… 150

第二章　市场成员 ………………………………………………… 151

第三章　交易方式 ………………………………………………… 154

第四章　交易流程 ………………………………………………… 156

第五章　价格机制 ………………………………………………… 159

第六章　安全校核 ………………………………………………… 161

第七章　交易合同 ………………………………………………… 161

第八章　计量与结算 ……………………………………………… 162

第九章　绿证划转 ………………………………………………… 164

第十章　信息披露 ………………………………………………… 165

第十一章　附则 …………………………………………………… 165

第一章 总 则

第一条 为贯彻落实党中央、国务院关于力争 2030 年前实现碳达峰、2060 年前实现碳中和的战略部署，推动构建新型电力系统，加快建立有利于促进绿色能源生产消费的市场体系和长效机制，推进绿色电力交易工作有序开展，依据《中共中央 国务院关于进一步深化电力体制改革的若干意见》（中发〔2015〕9 号）及其配套文件、《国家发展改革委 国家能源局关于加快建设全国统一电力市场体系的指导意见》（发改体改〔2022〕118 号）、《电力中长期交易基本规则》（发改能源规〔2020〕889 号）（以下简称"中长期规则"）、《国家能源局关于印发〈电力市场信息披露基本规则〉的通知》（国能发监管〔2024〕9 号）、《北京电力交易中心跨区跨省电力中长期交易实施细则》（以下简称"省间细则"）及现货市场有关政策规则等，按照《国家发展改革委 国家能源局关于绿色电力交易试点工作方案的复函》（发改体改〔2021〕1260 号）、《国家发展改革委办公厅 国家能源局综合司关于有序推进绿色电力交易有关事项的通知》（发改办体改〔2022〕821 号）、《国家发展改革委 财政部 国家能源局关于享受中央政府补贴的绿电项目参与绿色电力交易有关事项的通知》（发改体改〔2023〕75 号）、《国家发展改革委 财政部 国家能源局关于做好可再生能源绿色电力证书全覆盖工作 促进可再生能源电力消费的通知》（发改能源〔2023〕1044 号）要求，制定《北京电力交易中心绿色电力交易实施细则》（以下简称"本细则"）。

第二条 本细则所称绿色电力产品、绿色电力交易、绿色电力证书按以下定义。

（一）绿色电力产品是指符合国家有关政策要求的风电、光伏等可再生能源发电企业上网电量。市场初期，主要指风电和光伏发电企业（含分布式光伏、分散式风电项目，以下同）上网电量，根据国家有关要求可逐步扩大至符合条件的其他类型电源上网电量。

（二）绿色电力交易是指以绿色电力和对应绿色电力环境价值为标的物的电力交易品种（包括批发市场和零售市场交易），交易电力的同时交易对应的环境价值，提供国家核发的可再生能源绿色电力证书（以下简称"绿证"），用以满足发电企业、电力用户、售电公司等出售、购买绿色电力的需求。

（三）绿证是国家对发电企业每兆瓦时可再生能源电量颁发的具有唯一代码标识的电子凭证，作为绿色电力环境价值的唯一凭证。

第三条　绿色电力交易应坚持绿色优先、市场导向、安全可靠的原则，充分发挥市场作用，全面反映绿色电力的电能价值和环境价值，引导全社会形成主动消费绿色电力的共识与行动。

第四条　绿色电力环境价值随绿色电力交易由发电企业转移至电力用户，绿色电力环境价值应确保唯一，不得重复计算或出售。

第五条　本细则适用于国家电网公司经营区域内开展的绿色电力交易。未尽事项，遵照中长期规则、省间细则及现货等规则执行。

第二章　市　场　成　员

第六条　参与绿色电力交易的市场成员包括经营主体、电网企业和市场运营机构。经营主体包括发电企业（含分布式发电主体）、电力用户、售电公司及聚合商等主体。市场运营机构包括电力交易机构、电力调度机构。

第七条　新入市经营主体通过电力交易平台及e-交易进行市场注册时同时开立绿色电力账户，已注册生效的经营主体自动获得绿色电力账户。绿色电力账户包括参与绿色电力交易的合同信息、结算信息，以及绿电交易对应的绿证核发、划转等信息。

第八条　绿色电力交易优先组织未纳入国家可再生能源电价附加补助政策范围内的，或主动放弃补贴的风电和光伏发电企业参与交易。按照《国家发展改革委　财政部　国家能源局关于享受中央政府补贴的绿电项目参与绿色电力交易有关事项的通知》（发改体改〔2023〕75号）要求，逐步推进已纳入国家可再生能源电价附加补助政策范围内的绿电项目（以下简称"带补贴绿电项目"）参与绿色电力交易，高于项目所执行的煤电基准电价的溢价收益，等额冲抵国家可再生能源补贴或归国家所有。发电企业放弃整个项目后续全部补贴的，参与绿色电力交易的全部收益归发电企业所有。

第九条　分布式发电主体以聚合形式由聚合商代理参与绿色电力交易。代理分布式发电主体参与交易的聚合商（以下简称分布式发电聚合商）在批发市场以发电企业身份参与绿色电力交易。分布式发电主体及聚合商相关准入注册要求按照有关规则规定执行。

第十条　参与绿色电力交易的电力用户主要为具有绿色电力消费及认证需求、愿意为绿色电力环境价值付费的用电企业，主要包括直接参与电力市场的用户。

第十一条　参与绿色电力交易的售电公司购买绿色电力产品，通过电力零售合同销售给有绿色电力消费需求的零售用户。鼓励售电公司提供绿色电力零售套餐。

第十二条　按照国家相关政策要求，承担可再生能源发展结算服务的机构单独记账、专户管理带补贴绿电项目参与绿色电力交易的溢价收益，本年度归集后由国家电网有限公司按程序报财政部门批准，专项用于解决可再生能源补贴缺口。

第十三条　发电企业的权利和义务：

（一）按照规则参与绿色电力交易，签订和履行绿色电力交易合同，按时完成电费结算；

（二）获得公平的输配电服务和电网接入服务，开展建档立卡工作，取得绿证核发资格，配合完成绿证核发；

（三）按照信息披露有关规定披露和提供市场信息，获得市场交易和输配电服务等相关信息；

（四）法律法规规定的其他权利和义务。

第十四条　电力用户的权利和义务：

（一）按照规则参与绿色电力交易，签订和履行绿色电力交易合同，按时完成电费结算，获得绿色电力环境价值；

（二）提供绿色电力交易所必需的绿色电力交易需求及相关用电信息；

（三）按照信息披露有关规定披露和提供市场信息，获得市场交易和输配电服务等相关信息；

（四）法律法规规定的其他权利和义务。

第十五条　售电公司的权利和义务：

（一）按照规则代理零售用户参与绿色电力交易，签订和履行绿色电力交易合同，并将合同电量关联至零售用户，按时完成电费结算；

（二）提供绿色电力交易所必需的绿色电力交易需求及相关用电信息；

（三）按照信息披露有关规定披露和提供市场信息，获得市场交易和输配电服务等相关信息；

（四）法律法规规定的其他权利和义务。

第十六条　电网企业的权利和义务：

（一）为发电企业提供公平的电网接入、计量、抄表、电费结算等服务；为电力用户提供公平的报装、计量、抄表、电费结算、收费等供电服务；为售电公司、聚合商等经营主体提供电费结算服务；

（二）会同电力交易机构收集汇总并确认省内电力用户、售电公司及发电企业参与省间绿色电力交易需求，在省间市场购买绿色电力产品；

（三）法律法规规定的其他权利和义务。

第十七条　分布式发电聚合商按照业务类型，享有与相应经营主体相同的权利，履行与相应经营主体相同的义务。

第十八条　电力交易机构权利和义务：

北京电力交易中心主要负责：

（一）配合政府主管部门编制、修订绿色电力交易相关规则及工作方案；

（二）开展省间绿色电力交易，出具相关结算依据，开展相关信息披露；

（三）汇总省间绿色电力交易合同、结算依据；

（四）向绿证核发机构推送汇总的省间、省内绿色电力交易结算信息，接收绿证核发机构批量推送的绿证，并将绿证划转至有关电力用户；

（五）建设和运营电力交易平台支撑绿色电力交易业务，通过多重安全认证技术保障经营主体信息安全；

（六）其他相关工作。

各省电力交易中心主要负责：

（一）配合政府主管部门完善省内相关交易规则，做好省间、省内市场衔接；

（二）提供市场注册服务；

（三）开展省内绿色电力交易，出具相关结算依据，开展相关信息披露；

（四）汇总省内绿色电力交易合同（含零售合同）、结算依据；

（五）会同省级电网企业汇总省内电力用户、售电公司及发电企业参与省间绿色电力交易需求；

（六）其他相关工作。

第十九条 电力调度机构的权利和义务：

（一）负责按调管范围开展绿色电力交易安全校核；

（二）向电力交易机构提供安全约束边界条件、通道可用输电容量等数据，配合电力交易机构履行市场运营职能等；

（三）合理安排电网运行方式，执行绿色电力交易结果，保障市场正常运行；

（四）按照信息披露有关规定披露和提供电网运行相关信息；

（五）法律法规规定的其他权利和义务。

第二十条 国家能源局电力业务资质管理中心负责绿证核发，根据绿电交易结算情况，将绿证批量推送至北京电力交易中心。

第三章 交 易 方 式

第二十一条 绿色电力交易主要包括省内绿色电力交易和省间绿色电力交易，其中：

（一）省内绿色电力交易是指由电力用户或售电公司通过电力直接交易的方式向本省发电企业购买绿色电力产品。

（二）省间绿色电力交易是指电力用户或售电公司等通过电力交易平台聚合的方式向省外发电企业购买绿色电力产品。省级电网企业会同电力交易机构汇总并确认省内绿色电力交易需求，提交至北京电力交易中心。北京电力交易中心统一开展省间绿色电力交易。

第二十二条 绿色电力交易方式主要包括双边协商交易和集中交易（含集中竞价交易、挂牌交易），可根据市场需要进一步拓展，应满足绿色电力产品可追踪溯源的要求。其中：

（一）双边协商交易，参与交易的主体自主协商确定交易电量（电力）、价格、绿色电力环境价值偏差补偿方式等，通过电力交易平台申报、确认。按规则出清形成交易结果。

（二）集中竞价交易，参与交易的主体均通过电力交易平台申报交易电量（电力）、价格等信息。按照报价撮合法出清形成交易结果。

（三）挂牌交易，参与交易的主体一方通过电力交易平台申报交易电量（电力）、价格等挂牌信息，另一方摘牌。按规则出清形成交易结果。

第二十三条　常态化开展中长期分时段交易的地区应按照相关规则，开展分时段或带电力曲线的绿色电力交易。省间绿色电力交易的时段划分要求与其他省间中长期电能量交易的时段划分要求保持一致。

第二十四条　绿色电力交易在合同各方协商一致，并确保绿色电力产品可追踪溯源的前提下，可按月或更短周期开展绿色电力交易合同转让交易、回购交易，经营主体转让或回购合同电量时一同转让或回购绿色电力环境价值。

第二十五条　绿色电力交易合同转让交易初期以双边协商方式组织，按照先发电侧、后用电侧的顺序开展。双边协商交易申报时，需要关联原合同，并经原合同相对方同意。

合同转让交易完成后，形成绿色电力交易转让合同。依据转让合同，对原绿色电力交易合同进行拆分，形成经营主体新的履约关系。初期，绿色电力交易合同的购方、售方仅可分别转让一次；后续条件成熟后可增加转让次数。

第二十六条　已常态化开展绿色电力分时段交易的省份，可开展月内绿色电力分时能量块交易，发电企业和电力用户（含售电公司）均可作为买卖方参与交易。交易标的为分时能量块，能量块信息包括绿色电力交易电量、电能量价格、绿色电力环境价值和绿色电力环境价值偏差补偿价格等。

第二十七条　售电公司的所有绿色电力交易合同电量均应关联至零售用户。售电公司应在规定时间内，将批发市场绿色电力交易合同电量关联至与其签订绿色电力零售合同的零售用户。单个批发合同可与部分零售用户关联，也可与全部零售用户关联。

第二十八条　分布式发电聚合商参与批发交易前，首先通过电力交易平台与分布式发电主体建立服务关系，签订分布式电源售电合同。分布式发电主体在同一合同周期内仅可与一家聚合商确定服务关系。

第二十九条　分布式发电主体与聚合商以月为最小周期签订分布式电源售电合同。合同应明确主体名称、关联户号、合同期限、费用结算、偏差处理方式、违约责任等内容。

第三十条　分布式发电聚合商在批发市场，以发电企业身份与电力用户、售电公司开展绿色电力交易，进行批发侧结算和不平衡资金分摊。分布式发电聚合商的所有绿色电力交易合同电量均应关联至分布式发电主体，具体要求参照售电公司和零售用户的关联要求执行。

第四章 交 易 流 程

第一节 总 体 原 则

第三十一条 绿色电力交易优先组织，引导经营主体有序参与绿色电力交易。

第三十二条 推动跨区跨省优先发电计划中的绿色电力，优先通过参与绿色电力交易的方式予以落实。省间、省内绿色电力交易按照多年、年度、月度（多月）、月内（多日）的顺序开展。鼓励发电企业与电力用户签订多年期绿电中长期合同。

第三十三条 省内市场中，多年期绿色电力交易以双边协商方式开展。年度绿色电力交易可通过双边协商、集中交易等方式开展。月度（多月）、月内（多日）绿色电力交易可通过集中交易、双边协商方式开展。

第三十四条 省间市场中，多年期绿色电力交易以双边协商方式开展。年度、月度（多月）、月内（多日）绿色电力交易原则上以电力交易平台聚合方式通过集中交易开展。推动开展省间多通道集中竞价交易。

第三十五条 电力交易机构可开展年度、多月绿色电力交易合同的分月电量调整，及年度、月度（多月）绿色电力交易合同转让交易、回购交易等。

第三十六条 年度或多月绿色电力交易合同的执行周期内，购售双方可协商一致通过电力交易平台调整后续各月的合同分月电量，调整前后合同总量保持不变。开展分时段绿色电力交易的，调整前后合同各时段总量保持不变。年度或多月合同调整后的电量需通过电力调度机构安全校核。

第三十七条 经营主体协商一致达成多年期绿电中长期合同后，向电力交易机构提交要约，电力交易机构及时对要约进行受理。受理通过后，经营主体按照要求通过电力交易平台提交分年交易电量、价格和电力曲线等要约信息及相关附件，交易电量至少应细分到年内各月，电力交易机构按照市场规则出清形成交易结果。鼓励多年期绿电交易连续开市。

第三十八条 考虑多年期绿电中长期合同执行周期内，经济周期波动、产业结构调整、电价政策调整等因素，购售双方协商一致，可通过电力交易平台调整后续各月的合同分月电量（总量不变）；还可选择对后续各月的合同分月电量进行调增（或调减），年累计调增（或调减）电量不得超过本年度合同总量的 30%，后续根据多年期绿电中长期合同执行情况，可适时调整调增（或调减）幅度。

分月电量调整确定后，具备条件的地方可由购售双方协商一致且在全月电量不变的前提下，灵活开展未执行的剩余天数的日电量和电力曲线调整。多年期绿电中长期交易调整后的电量需通过电力调度机构安全校核。多年期绿电中长期合同暂不开展转让交易。

第三十九条　对于年度、多月等周期的绿色电力交易，交易公告应当提前至少 5 个工作日发布；对于月度、月内（多日）等周期的绿色电力交易，应当提前至少 1 个工作日发布。交易公告发布内容应当包括：

（一）交易标的（含电力、电量和交易周期）、申报起止时间；

（二）交易出清方式；

（三）电能量价格、绿色电力环境价值形成机制；

（四）其他需明确事项。

第四十条　绿色电力交易开展前，电力调度机构需提供安全约束条件等。电力交易机构根据安全约束条件、机组发电能力等开展绿色电力交易。

第二节　双边协商交易流程

第四十一条　绿色电力双边协商交易流程：

（一）交易组织。对于定期开展的双边协商交易，电力交易机构在电力交易平台发布交易公告，经营主体自主协商一致，在规定时间内申报（或确认）绿色电力交易电量（电力）、电能量价格、绿色电力环境价值、绿色电力环境价值偏差补偿方式等信息。电力交易机构通过电力交易平台进行交易预出清。

（二）结果发布。经调度机构安全校核后正式出清，电力交易机构发布交易结果。

第三节　集中竞价交易流程

第四十二条　省间绿色电力集中竞价交易流程：

（一）需求汇总。经营主体通过所在省电力交易平台提交绿色电力集中竞价交易需求，包括意向购售省份、电量（电力）、价格等。购、售方所在省电网企业会同省电力交易中心收集汇总省间绿色电力交易需求信息，进行确认后，提交至北京电力交易中心电力交易平台。

（二）交易组织。北京电力交易中心根据相关省电力交易平台汇总提交的交易需求信息，结合省间通道输送能力、送端省送出能力及受端省受入能力等，发布省间绿色电力交易公告，开展省间绿色电力集中竞价交易。参与交易的主体按照交易安排自主进行交易申报，购电省份经营主体的申报信息将通过电力交易平台进行聚合，按照省间细则集中竞价排序规则形成购电省份电网企业申报信息，并统一参与省间集中竞价交易。北京电力交易中心汇总交易申报数据，依据省间细则会同相关交易机构联合开展电量校核，通过电力交易平台进行交易预出清。

（三）结果发布。经调度机构安全校核后正式出清，北京电力交易中心发布交易结果。

第四十三条 省内绿色电力集中竞价交易流程：

（一）交易组织。省电力交易中心在电力交易平台发布交易公告，经营主体按时间规定申报绿色电力集中竞价交易电量（电力）、价格等信息。省电力交易中心通过电力交易平台进行交易预出清。

（二）结果发布。经调度机构安全校核后正式出清，省电力交易中心发布交易结果。

第四节 挂 牌 交 易 流 程

第四十四条 省间绿色电力挂牌交易流程：

（一）需求汇总。经营主体通过所在省电力交易平台提交绿色电力挂牌交易需求，包括挂牌电量（电力）、挂牌价格等。购、售方所在省电网企业会同省电力交易中心收集汇总省间绿色电力交易需求信息，进行确认后，提交至北京电力交易中心电力交易平台。

（二）交易组织。北京电力交易中心根据相关省电力交易平台汇总提交的交易需求信息，结合省间通道输送能力、送端省送出能力及受端省受入能力等，发布省间绿色电力交易公告，开展省间绿色电力挂牌交易。参与交易的主体按照交易安排自主进行交易申报，购电省份经营主体的申报信息将通过电力交易平台进行聚合，形成购电省份电网企业申报信息，并统一参与省间挂牌交易。北京电力交易中心汇总交易申报数据，依据省间细则会同相关交易机构联合开展电量校核，通过电力交易平台进行交易预出清。

（三）结果发布。经调度机构安全校核后正式出清，北京电力交易中心发布交易结果。

第四十五条　省内绿色电力挂牌交易流程：

（一）交易组织。省电力交易中心在电力交易平台发布交易公告，经营主体按时间规定申报挂牌电量（电力）、价格等信息，或者进行摘牌确认。省电力交易中心通过电力交易平台进行交易预出清。

（二）结果发布。经调度机构安全校核后正式出清，省电力交易中心发布交易结果。

第五章　价　格　机　制

第四十六条　绿色电力交易价格由经营主体通过双边协商、集中交易等市场化方式形成。

第四十七条　绿色电力交易价格由电能量价格与绿色电力环境价值组成，经营主体应分别明确电能量价格与绿色电力环境价值。其中：

（一）双边协商交易方式下，购售双方自行协商确定绿色电力交易整体价格，并分别明确其中的电能量价格与绿色电力环境价值。电能量价格按照相关规则，明确整体价格或分时段价格。绿色电力环境价值各时段价格保持一致。

（二）集中竞价交易方式下，经营主体申报绿色电力交易整体价格，其中电能量价格按照报价撮合法出清，以购售双方报价形成每个交易对的电能量价格；绿色电力环境价值统一取交易组织前北京电力交易中心绿证市场成交均价，其中，年度交易取交易组织近 12 个月的绿证市场成交均价，月度（月内）交易取交易组织前上月绿证市场成交均价，绿色电力环境价值取值提前在交易公告中公布。其中，绿证市场成交均价是指近 12 个月生产的可再生能源发电上网电量对应的绿证成交量的加权平均价格，以下同。绿色电力交易电能量价格与绿色电力环境价值共同形成绿色电力交易整体价格。

（三）挂牌交易方式下，挂牌方经营主体申报绿色电力交易整体价格，摘牌方自主摘牌。以挂牌方挂牌电能量价格作为每个交易对的电能量价格；绿色电力环境价值统一取交易组织前北京电力交易中心绿证市场成交均价，其中，年度交易取交易组织近 12 个月的绿证市场成交均价，月度（月内）交易取交易组织前上月绿证市场成交均价，绿色电力环境价值取值提前在交易公告中公布。绿色电力交易电能量价格与绿色电力环境价值共同形成绿色电力交易整体价格。

（四）转让交易中，合同出让方与受让方经营主体可自行协商确定转让绿色电力合同电量的电能量价格，但绿色电力环境价值、绿色电力环境价值偏差补偿条款需与原合同保持一致。

第四十八条 参与绿色电力交易的电力用户，其用电价格由电能量价格、绿色电力环境价值、上网环节线损费用、输配电价、系统运行费用、政府性基金及附加等构成。上网环节线损费用按照电能量价格计算，依据有关政策规则执行，输配电价、系统运行费用、政府性基金及附加按照国家及地方有关规定执行。

第四十九条 绿色电力零售套餐中应分别明确电能量价格和绿色电力环境价值。按照零售合同约定的电能量价格、绿色电力环境价值及偏差补偿条款等进行结算。

第五十条 绿色电力环境价值不纳入峰谷分时电价机制以及力调电费等计算，具体按照国家及地方有关政策规定执行。

第五十一条 除国家有明确规定的情况外，以双边协商方式组织的绿色电力交易中，不对价格进行限价。集中竞价交易中，为避免市场操纵以及恶性竞争，可对电能量报价或者出清价格设置上、下限。电能量价格上、下限原则上由相应电力市场管理委员会提出，其中，省间绿色电力交易相关限价，需经国家发展改革委、国家能源局审定；省内绿色电力交易相关限价，需经国家能源局派出机构和政府有关部门审定，避免政府不当干预。

第五十二条 绿色电力环境价值偏差补偿价格是经营主体上网电量或用电量对应的环境价值，未达到合同约定要求时，按照偏差量向对方支付违约补偿时的价格标准。绿色电力环境价值偏差补偿价格原则上按照以下方式确定：

（一）对于双边协商方式达成的绿色电力交易合同，绿色电力环境价值偏差补偿价格由合同双方自行约定，分别明确购方偏差的补偿价格和售方偏差的补偿价格。

（二）对于集中交易方式形成的绿色电力交易合同，绿色电力环境价值偏差补偿价格按合同明确的绿色电力环境价值的一定比例确定。市场初期，对购售双方按同一比例设置，暂定为 25%，后续可适时调整；各地也可结合省内市场情况另行明确。

（三）绿色电力零售套餐中绿色电力环境价值偏差补偿方式、价格等，结合各地电力零售市场规则及经营主体零售合同约定执行。

第六章 安 全 校 核

第五十三条 绿色电力交易结果需经相关电力调度机构安全校核，由电力交易机构发布交易结果。

第五十四条 绿色电力交易在合同各方协商一致后，进行合同分月电量调增（或调减）、合同分月电量调整、合同转让交易等的，需要再次通过电力调度机构安全校核。

第七章 交 易 合 同

第五十五条 绿色电力交易合同应明确交易电量（电力）、价格（包括电能量价格、绿色电力环境价值）及绿色电力环境价值偏差补偿等内容。售电公司与零售用户绿色电力零售合同也应明确上述内容。

第五十六条 在电力交易平台提交、确认的双边协商以及参与集中交易产生的结果，可将电力交易机构出具的电子交易确认单（视同电子合同）作为执行依据。

第五十七条 北京电力交易中心会同省电力交易中心，根据交易结果形成绿色电力溯源关系。

第五十八条 未开展现货市场长周期、连续结算试运行或现货市场正式运行的省份，同一交易周期内参与绿色电力交易的发电企业对应合同电量，在保障电网安全稳定运行的前提下，由相应电力调度机构按照交易优先级予以安排。已实现现货市场连续结算试运行及正式运行的省份，中长期绿色电力交易合同按照现货市场规则执行并结算。

第五十九条 购售双方在协商一致的前提下，可针对绿色电力交易合同未执行部分进行合同价格调整，价格调整时合同电量保持不变。合同价格调整通过电力交易平台开展，经营主体应按要求提交相关协议附件。

第八章 计 量 与 结 算

第一节 计 量

第六十条 电网企业应当根据市场运行需要为经营主体安装符合技术规范的计量装置；计量装置原则上安装在产权分界点，产权分界点无法安装计量装置的，考虑相应的变（线）损。电网企业应当在跨区跨省输电线路两端安装符合技术规范的计量装置，跨区跨省交易均应当明确其结算对应计量点。

第六十一条 计量周期和抄表时间应当保证最小交易周期的结算需要，保证计量数据准确、完整。

第六十二条 电网企业应当按照电力市场结算要求定期抄录发电企业（机组）和电力用户电能计量装置数据，并将计量数据提交电力交易机构。对计量数据存在疑义时，由具有相应资质的电能计量检测机构确认并出具报告，由电网企业组织相关市场成员协商解决。电力用户、发电企业绿色电力交易电量的电能量计量装置校验和异常处理，分别按照供用电合同、购售电合同相关约定执行。

第六十三条 交易合同履约期间，若电能计量点发生变更，各方应以书面方式对计量点变更情况进行确认，并在月度结算前完成电力交易平台信息变更。

第二节 结 算

第六十四条 绿色电力交易按照相关中长期交易规则优先结算。

第六十五条 电力交易机构负责向经营主体、电网企业出具绿色电力交易结算依据（其中电能量部分次月结算，绿色电力环境价值部分次次月结算），纳入经营主体交易结算单按月发布，经营主体进行确认。电网企业按照电力交易机构出具的绿色电力交易结算依据，开展最终电费结算，并在用户电费账单中单列绿色电力环境价值电量、价格及费用。

第六十六条 电力交易机构向经营主体、电网企业出具的绿色电力交易结算依据包含以下内容：

（一）实际结算电量；

（二）绿色电力交易合同电量、电能量价格、电能量费用；

（三）绿色电力环境价值结算电量、绿色电力环境价值价格、绿色电力环境价值费用；

（四）电能量偏差结算费用、绿色电力环境价值偏差补偿费用；

（五）零售侧（含分布式发电主体，下同）绿色电力交易相关结算依据。

第六十七条 绿色电力交易电能量与绿色电力环境价值分开结算：

（一）省间绿色电力交易电能量部分按照省间实际物理计量电量进行结算。省内绿色电力交易电能量部分原则上按照"照付不议、偏差结算"开展结算，省内绿色电力交易合同及绿色电力转让交易合同电量按照合同约定的电能量价格进行结算；偏差部分按照偏差价格进行结算。现货市场运行的地区按照现货规则进行结算。具体按照省间、省内相关电能量市场交易规则执行。

（二）绿色电力环境价值按当月合同总电量（按购方所在节点确定，省间交易还应考虑实际输电量）、发电企业上网电量、电力用户用电量三者取小的原则确定结算量（以兆瓦时为单位取整数，尾差不累计），以绿色电力环境价值（应划转绿证对应电量）结算。

同一电力用户/售电公司与多个发电企业签约，总用电量低于总合同电量的，该电力用户/售电公司对应于各发电企业的用电量按总用电量占总合同电量比重等比例调减；同一发电企业与多个电力用户/售电公司签约的，总上网电量低于总合同电量时，该发电企业对应于各电力用户/售电公司的上网电量按总上网电量占总合同电量比重等比例调减。

以绿色电力交易合同、转让交易后的绿色电力交易合同形成经营主体最终实际履约关系。绿色电力环境价值依据最终实际履约关系开展结算。发电侧之间的转让合同、用户侧之间的转让合同无须进行绿色电力环境价值结算。

（三）零售市场的电能量和绿色电力环境价值结算，在保证绿色电力交易可追踪溯源的前提下，按照本细则电量取小原则、各地零售市场相关规则及经营主体零售合同约定开展结算。

（四）按照本细则及经营主体分布式电源售电合同约定，对聚合商、分布式发电主体进行结算。聚合商用于结算的电能量部分上网电量为聚合的分布式发电主体实际上网电量合计值，聚合商用于结算的绿色电力环境价值部分电量为各分布式发电主体上网电量去除尾差后的合计值。

（五）以绿色电力环境价值最终结算量，作为相关主体通过绿色电力交易方式完成的绿色电力消费量的统计依据。

第六十八条　绿色电力环境价值偏差补偿费用按照合同约定的偏差补偿价格和绿色电力环境价值偏差量计算，由违约方向合同对方支付补偿费用。其中因安全运行原因，导致发、用双方未能足额履约，双方均不承担相应责任，或在绿电交易合同中另行明确责任。

第六十九条　发电企业的绿色电力环境价值偏差量，为其对应至该合同的上网电量相应的环境价值少于合同约定的部分。电力用户、售电公司的绿色电力环境价值偏差量，为其对应到该合同的用电量相应的环境价值少于合同约定的部分。以兆瓦时为单位取整造成的尾差，不计入偏差量。

第九章　绿　证　划　转

第七十条　根据绿色电力交易合同、执行、结算等信息，按月为相关交易主体划转绿证。

第七十一条　北京电力交易中心汇总省间、省内绿色电力交易结算信息，推送至国家能源局电力业务资质管理中心等绿证核发机构。

第七十二条　国家能源局电力业务资质管理中心组织将绿证批量推送至北京电力交易中心。

第七十三条　北京电力交易中心根据绿色电力交易合同和结算信息等，将绿证划转至相关电力用户。电力用户未按时缴纳绿色电力环境价值费用的，由电网企业按月向北京电力交易中心反馈，暂不划转绿证。

第七十四条　北京电力交易中心定期将带补贴绿电项目相关交易结算信息同步至承担可再生能源发展结算服务的机构。

第七十五条　北京电力交易中心依托区块链技术可靠记录绿色电力交易、合同、结算等全业务环节信息。可按照电力用户需要，依据绿色电力交易全业务环节信息，为电力用户提供参与绿色电力交易相关证明。

第十章　信　息　披　露

第七十六条　绿色电力交易信息披露应当遵循安全、真实、准确、完整、及时、易于使用的原则。信息披露主体对其披露信息的真实性、准确性、完整性、及时性负责。

第七十七条　电力交易机构负责绿色电力交易信息披露的实施。市场成员绿色电力交易相关信息应在信息披露平台上进行披露。在确保信息安全基础上，按信息公开范围要求，可同时通过信息发布会、交易机构官方公众号等渠道发布。

第七十八条　市场成员对披露的信息内容、时限等有异议或者疑问，可向电力交易机构提出，电力交易机构组织信息披露主体予以解释。

第七十九条　其他信息披露未尽事项，遵照中长期规则、省间细则及信息披露相关规则执行。

第八十条　电力交易平台应按照信息披露有关规定，在保障信息安全的前提下提供数据接口服务，及时、准确为经营主体发布绿色电力交易相关信息。

第十一章　附　　则

第八十一条　本细则由北京电力交易中心负责发布、解释和修订。

第八十二条　本细则自发布之日起施行，执行中如遇重大问题，及时告知北京电力交易中心。

附录2

可再生能源绿色电力证书核发和交易规则

目　　录

第一章　总　则 …………………………………………………… 168

第二章　职责分工 ………………………………………………… 168

第三章　绿证账户 ………………………………………………… 169

第四章　绿证核发 ………………………………………………… 169

第五章　交易及划转 ……………………………………………… 170

第六章　信息管理 ………………………………………………… 172

第七章　绿证监管 ………………………………………………… 172

第八章　附　则 …………………………………………………… 173

第一章　总　　则

第一条　为规范可再生能源绿色电力证书［Green Electricity Certificate（GEC），以下简称绿证］核发和交易，依法维护各方合法权益，根据《国家发展改革委　财政部　国家能源局关于做好可再生能源绿色电力证书全覆盖工作促进可再生能源电力消费的通知》（发改能源〔2023〕1044号）等要求，制定本规则。

第二条　本规则适用于我国境内生产的风电（含分散式风电和海上风电）、太阳能发电（含分布式光伏发电和光热发电）、常规水电、生物质发电、地热能发电、海洋能发电等可再生能源发电项目电量对应绿证的核发、交易及相关管理工作。

第三条　绿证是我国可再生能源电量环境属性的唯一证明，是认定可再生能源电力生产、消费的唯一凭证。绿证核发和交易应坚持"统一核发、交易开放、市场竞争、信息透明、全程可溯"的原则，核发由国家统一组织，交易面向社会开放，价格通过市场化方式形成，信息披露及时、准确，全生命周期数据真实可信、防篡改、可追溯。

第二章　职　责　分　工

第四条　国家能源局负责绿证具体政策设计，制定核发交易相关规则，指导核发机构和交易机构开展具体工作。

第五条　国家能源局电力业务资质管理中心（以下简称国家能源局资质中心）具体负责绿证核发工作。

第六条　电网企业、电力交易机构、国家可再生能源信息管理中心配合做好绿证核发工作，为绿证核发、交易、应用、核销等提供数据和技术支撑。

第七条　绿证交易机构按相关规范要求负责各自绿证交易平台建设运营，组织开展绿证交易，并按要求将交易信息同步至国家绿证核发交易系统。

第八条　绿证交易主体包括卖方和买方。卖方为已建档立卡的发电企业或项目业主，买方为符合国家有关规定的法人、非法人组织和自然人。买方和卖方应依照本规则合法合规参与绿证交易。交易主体可委托代理机构参与绿证核发和交易。

第九条　电网企业、电力交易机构、发电企业或项目业主，以及交易主体委托的代理机构，应按要求及时提供或核对绿证核发所需信息，并对信息的真实性、准确性负责。电网企业还应按相关规定，做好参与电力市场交易补贴项目绿证收益的补贴扣减。

第三章　绿　证　账　户

第十条　交易主体应在国家绿证核发交易系统建立唯一的实名绿证账户，用于参与绿证核发和交易，记载其持有的绿证情况。其中：

卖方在国家可再生能源发电项目信息管理平台完成可再生能源发电项目建档立卡后，在国家绿证核发交易系统注册绿证账户，注册信息自动同步至各绿证交易平台。买方可在国家绿证核发交易系统注册绿证账户，也可通过任一绿证交易平台提供注册相关信息，注册相关信息自动推送至国家绿证核发交易系统并生成绿证账户。省级专用账户通过国家绿证核发交易系统统一分配，由各省级发改、能源主管部门统筹管理，用于参与绿证交易和接受无偿划转的绿证。国家能源局资质中心可依据补贴项目参与绿色电力交易相关要求，设立相应的绿证专用账户。

第十一条　交易主体注册绿证账户时应按要求提交营业执照或国家认可的身份证明等材料，并保证账户注册申请资料真实完整、准确有效。其中卖方还须承诺仅申领中国绿证、不重复申领其他同属性凭证。

第十二条　当注册信息发生变化时，交易主体应及时提交账户信息变更申请。账户可通过原注册渠道申请注销，注销后交易主体无法使用该账户进行相关操作。

第四章　绿　证　核　发

第十三条　可再生能源发电项目电量由国家能源局按月统一核发绿证，稳步提升核发效率。

第十四条　对风电（含分散式风电和海上风电）、太阳能发电（含分布式光伏发电和光热发电）、生物质发电、地热能发电、海洋能发电等可再生能源发电项目上网电量，以及 2023 年 1 月 1 日（含）以后新投产的完全市场化常规水电项目上网电量，核发可交易绿证。对项目自发自用电量和 2023 年 1 月 1 日（不含）之前的常规存量水电项目上网电量，现阶段核发绿证但暂不参与交易。

可交易绿证核发范围动态调整。

第十五条　1 个绿证单位对应 1000 千瓦时可再生能源电量。不足核发 1 个绿证的当月电量结转至次月。

第十六条　绿证核发原则上以电网企业、电力交易机构提供的数据为基础，与发电企业或项目业主提供数据相核对。

电网企业、电力交易机构应在每月 22 日前，通过国家绿证核发交易系统推送绿证核发所需上月电量信息。

对于自发自用等电网企业无法提供绿证核发所需电量信息的，可再生能源发电企业或项目业主可直接或委托代理机构提供电量信息，并附电量计量等相关证明材料，还应定期提交经法定电能计量检定机构出具的电能量计量装置检定证明。

第十七条　国家能源局资质中心依托国家绿证核发交易系统开展绿证核发工作。对于电网企业、电力交易机构无法提供绿证核发所需信息的，国家可再生能源信息管理中心对发电企业或项目业主申报数据及材料初核，国家能源局资质中心复核后核发相应绿证。

第五章　交　易　及　划　转

第十八条　绿证既可单独交易；也可随可再生能源电量一同交易，并在交易合同中单独约定绿证数量、价格及交割时间等条款。

第十九条　绿证在符合国家相关规范要求的平台开展交易，目前依托中国绿色电力证书交易平台，以及北京、广州电力交易中心开展绿证单独交易；依托北京、广州、内蒙古电力交易中心开展跨省区绿色电力交易，依托各省（区、市）电力交易中心开展省内绿色电力交易。

绿证交易平台按国家需要适时拓展。

第二十条 现阶段绿证仅可交易一次。绿证交易最小单位为 1 个，价格单位为元/个。

第二十一条 绿证交易的组织方式主要包括挂牌交易、双边协商、集中竞价等，交易价格由市场化方式形成。国家绿证核发交易系统与各绿证交易平台实时同步待出售绿证和绿证交易信息，确保同一绿证不重复成交。

（一）挂牌交易。卖方可同时将拟出售绿证的数量和价格等相关信息在多个绿证交易平台挂牌，买方通过摘牌的方式完成绿证交易和结算。

（二）双边协商交易。买卖双方可自主协商确定绿证交易的数量和价格，并通过选定的绿证交易平台完成交易和结算。鼓励双方签订省内、省间中长期双边交易合同，提前约定双边交易的绿证数量、价格及交割时间等。

（三）集中竞价交易。按需适时组织开展，具体规则另行明确。

第二十二条 可交易绿证完成交易后，交易平台应将交易主体、数量、价格、交割时间等信息实时同步至国家绿证核发交易系统。国家能源局资质中心依绿证交易信息实时做好绿证划转，划转后的绿证相关信息与对应交易平台同步。

对 2023 年 1 月 1 日（不含）前投产的存量常规水电项目对应绿证，依据电网企业、电力交易机构报送的水电电量交易结算结果，从卖方账户直接划转至买方账户；电网代理购电的，相应绿证依电量交易结算结果自动划转至相应省级绿证账户，绿证分配至用户的具体方式由省级能源主管部门会同相关部门确定。

第二十三条 参与绿色电力交易的对应绿证通过国家绿证核发交易系统，由国家能源局资质中心依绿色电力交易结算信息做好绿证划转，划转后的绿证相关信息与对应电力交易中心同步。绿色电力交易组织方式等按相关规则执行。

第二十四条 绿证有效期 2 年，时间自电量生产自然月（含）起计算。

对 2024 年 1 月 1 日（不含）之前的可再生能源发电项目电量，对应绿证有效期延至 2025 年底。

超过有效期或已声明完成绿色电力消费的绿证，国家能源局资质中心应及时予以核销。

第二十五条 任何单位不得采取强制性手段直接或间接干扰绿证市场，包括干涉绿证交易价格形成机制、限制绿证交易区域等。

第六章 信 息 管 理

第二十六条 国家绿证核发交易系统建设和运行管理由国家能源局资质中心组织实施，国家可再生能源信息管理中心配合。

第二十七条 国家绿证核发交易系统提供绿证在线查验服务，用户登录绿证账户或通过扫描绿证二维码，可获取绿证编码、项目名称、项目类型、电量生产日期等信息。

第二十八条 国家能源局资质中心按要求汇总统计全国绿证核发和交易信息，按月编制发布绿证核发和交易报告。支撑绿证与可再生能源电力消纳责任权重、能耗"双控"、碳市场等有效衔接，国家可再生能源信息管理中心会同电网企业、电力交易机构按有关要求及时核算相关绿证交易数据。

第二十九条 国家能源局资质中心通过国家绿证核发交易系统披露全国绿证核发、交易和核销信息，各绿证交易平台定期披露本平台绿证交易和核销信息。披露内容主要包括绿证核发量、交易量、平均交易价格、核销信息等。

第三十条 国家绿证核发交易系统和各绿证交易平台应按照国家相关信息数据安全管理要求，利用人工智能、云计算、区块链等新技术，保障绿证核发交易数据真实可信、系统安全可靠、全过程防篡改、可追溯，相关信息留存 5 年以上备查。

第七章 绿 证 监 管

第三十一条 国家能源局各派出机构会同地方相关部门做好辖区内绿证制度实施的监管，及时提出监管意见和建议。国家能源局会同有关部门做好指导。

第三十二条 因推送数据迟延、填报信息有误、系统故障等原因导致绿证核发或交易有误的，国家能源局资质中心或绿证交易平台应及时予以纠正。

第三十三条 当出现以下情况时，依法依规采取以下处置措施。

（一）对于绿证对应电量重复申领其他同属性凭证，或存在数据造假等行为的卖方主体，以及为绿证对应电量颁发其他同属性凭证的绿证交易平台，责令其改正；拒不改正的，予以约谈。

对于扰乱正常绿证交易市场秩序的交易主体，责令其改正；拒不改正的，予以约谈。

（二）对于发生违纪违法问题，按程序移交纪检监察和司法部门处理。

第八章　附　　则

第三十四条　国家能源局资质中心依据本规则编制绿证核发实施细则，各绿证交易平台依据本规则完善绿证交易实施细则。

第三十五条　本规则由国家能源局负责解释。

本规则自印发之日起实施，有效期 5 年。

附录 3

多年期省间绿色电力双边协商交易协议参考模板（试行）

甲　方：（电力用户）

乙　方：（新能源发电企业）

丙　方：（售电公司，如不涉及，请在空白处划"/"）

签订日期：

使　用　说　明

1. 本协议供甲（或丙方，如有）、乙方开展多年期省间绿色电力交易时参照使用。甲（或丙方，如有）、乙方应通过电力交易平台参与多年期省间绿色电力中长期交易，以电力交易平台发布的交易信息作为交易履行和交易结算依据。

2. 签订本协议的主要目的是保障多年期省间绿色电力中长期交易规范有序开展，维护交易各方的合法权益，保证市场化交易顺利实施。

3. 本协议履行过程中如政府主管部门或监管机构颁布新的法律、法规、规章及其他规范性文件，协议按新的规定执行。

4. 本协议约定的"违约和补偿"事项，由甲方（或丙方，如有）、乙方自行协商处理。

目　　录

第一章　定义和解释 ……………………………………………… 179

第二章　各方陈述 ………………………………………………… 180

第三章　各方的权利和义务 ……………………………………… 181

第四章　合作模式 ………………………………………………… 183

第五章　协议电量及分解 ………………………………………… 183

第六章　交易电价 ………………………………………………… 186

第七章　交易申报 ………………………………………………… 188

第八章　结算和收支 ……………………………………………… 188

第九章　协议变更与转让 ………………………………………… 189

第十章　协议违约和补偿 ………………………………………… 189

第十一章　协议解除 ……………………………………………… 192

第十二章　不可抗力 ……………………………………………… 193

第十三章　免责事件 ……………………………………………… 194

第十四章　争议的解决 …………………………………………… 195

第十五章　其他 …………………………………………………… 195

多年期省间绿色电力双边协商交易协议

甲　方：（电力用户）

地　址：

法定代表人：

乙　方：（新能源发电企业）

地　址：

法定代表人：

丙　方：（售电公司）（如不涉及，请在空白处划"/"）

地　址：（如不涉及，请在空白处划"/"）

法定代表人：（如不涉及，请在空白处划"/"）

各方确认未经书面通知变更，以下为各方有效通信地址：

甲方名称：＿＿＿＿＿＿＿＿＿＿＿＿＿＿＿＿＿＿＿＿＿＿＿

收件人：＿＿＿＿＿＿＿＿＿＿　电子邮件：＿＿＿＿＿＿＿＿＿＿＿

电话：＿＿＿＿＿＿＿　传真：＿＿＿＿＿＿＿　邮编：＿＿＿＿＿＿

通信地址：＿＿＿＿＿＿＿＿＿＿＿＿＿＿＿＿＿＿＿＿＿＿＿＿

乙方名称：＿＿＿＿＿＿＿＿＿＿＿＿＿＿＿＿＿＿＿＿＿＿＿

收件人：＿＿＿＿＿＿＿＿＿＿　电子邮件：＿＿＿＿＿＿＿＿＿＿＿

电话：＿＿＿＿＿＿＿　传真：＿＿＿＿＿＿＿　邮编：＿＿＿＿＿＿

通信地址：＿＿＿＿＿＿＿＿＿＿＿＿＿＿＿＿＿＿＿＿＿＿＿＿

丙方名称：＿＿＿＿＿＿＿＿＿＿＿＿＿＿＿＿＿＿＿＿＿＿＿

收件人：＿＿＿＿＿＿＿＿＿＿　电子邮件：＿＿＿＿＿＿＿＿＿＿＿

电话：＿＿＿＿＿＿＿　传真：＿＿＿＿＿＿＿　邮编：＿＿＿＿＿＿

通信地址：＿＿＿＿＿＿＿＿＿＿＿＿＿＿＿＿＿＿＿＿＿＿＿＿

协议各方根据《中华人民共和国民法典》《中华人民共和国电力法》以及国家其他有关法律法规、《电力市场运行基本规则》及配套相关规则细则、《北京电力交易中心绿色电力交易实施细则》《北京电力交易中心跨区跨省电力中长期交易实施细则》等有关规则，本着平等、自愿、诚实、信用的原则，经协商一致，签订本协议。

第一章　定义和解释

1.1　定义

1.1.1　绿色电力交易：指以绿色电力和对应绿色电力环境价值为标的物的电力交易品种，交易电力同时提供国家核发的可再生能源绿色电力证书（以下简称绿证），用以满足发电企业、售电公司、电力用户等出售、购买绿色电力的需求；

1.1.2　协议电量：甲、乙方（及丙方，如有）在本协议项下的绿色电力交易意向电量；

1.1.3　成交电量：甲、乙方（及丙方，如有）在本协议下明确的协议电量，经电力交易机构电量校核和电力调度机构安全校核后，确定的最终成交电量；

1.1.4　绿色电力交易周期：指交割绿色电力及明确对应绿证归属的时间期限；

1.1.5　不可抗力：指不能预见、不能避免并不能克服的客观情况。包括：火山爆发、龙卷风、海啸、暴风雨、泥石流、山体滑坡、水灾、火灾、超设计标准的地震、台风、雷电、雾闪，以及核辐射、战争、瘟疫、骚乱等❶。

1.2　解释

1.2.1　本协议中的标题仅为阅读方便，不应以任何方式影响对本协议的解释；

1.2.2　本协议附件与正文具有同等的法律效力；

1.2.3　除上下文另有要求外，本协议所指的日、月、年均为公历日、月、年；

1.2.4　协议中的"包括"一词指：包括但不限于；

1.2.5　协议有关空格的内容由双方约定或者据实填写，空格处没有添加内容的，请填写"无"或者"/"；

1.2.6　本协议仅供各经营主体开展绿色电力交易时参照使用，协议各方可根据具体情况，在公平、合理和协商一致的基础上对参考模板进行适当调整、补充、细化或者完善有关章节或条款，增加或者减少定义、附件等。法律、法

---

❶ 此处列举了一些典型的不可抗力，双方可根据当地实际情况选择适用或新补充。

规或者国家有关部门有规定的，按照规定执行。

第二章 各 方 陈 述

2.1 甲方（及丙方，如有）/乙方任何一方在此向＿＿＿＿（另一方/另两方）陈述如下：

2.1.1 甲方（电力用户）为一家根据中华人民共和国法律设立和存续的具有财务独立核算、能够独立承担民事责任的企事业单位、军队、社会机构等民事主体，主要营业（办公）地址位于＿＿＿＿，注册所在的电力交易机构为＿＿＿＿，统一社会信用代码为＿＿＿＿，有权签署并有能力履行本协议（完成电力市场注册手续，是有资格参与电力市场的经营主体）；

2.1.2 乙方（发电企业）为一家根据中华人民共和国法律设立和存续的具有财务独立核算、能够独立承担民事责任的民事主体，主要营业地址位于＿＿＿＿，注册所在的电力交易机构为＿＿＿＿，统一社会信用代码为＿＿＿＿，有权签署并有能力履行本协议（完成电力市场注册手续，是有资格参与电力市场的经营主体）；

2.1.3 丙方（售电公司，如有）为一家根据中华人民共和国法律设立和存续的具有财务独立核算、能够独立承担民事责任的民事主体，主要营业地址位于＿＿＿＿，注册所在的电力交易机构为＿＿＿＿，统一社会信用代码为＿＿＿＿，有权签署并有能力履行本协议（完成电力市场注册手续，是有资格参与电力市场的经营主体）；

2.1.4 甲方在＿＿＿＿（地点）拥有并经营管理＿＿＿＿（交易平台注册主体名称），交易平台注册用电户号包括＿＿＿＿、＿＿＿＿、＿＿＿＿；

2.1.5 乙方在＿＿＿＿（地点）拥有并运营管理总装机容量为＿＿＿＿兆瓦（MW）的＿＿＿＿项目（交易平台注册主体名称），调度名称为＿＿＿＿，机组包括＿＿＿＿、＿＿＿＿、＿＿＿＿；

2.1.6 在签署本协议时，任何法院、仲裁机构、行政机关或监管机构均未作出任何足以对各方履行本协议产生重大不利影响的判决、裁定、裁决或具体行政行为。

2.2 各方均已完成签署本协议所需的内部授权程序，签署本协议的是各方法定代表人或授权代理人，并且本协议生效后即对各方具有法律约束力。

2.3 若法律、法规、国家政策及市场规则等相关规定发生变化或者政府部门、监管机构出台、批复有关规定、规则，协议各方按照法律、法规、国家政策及市场规则等相关规定对本协议予以调整和修改。

2.4 甲、乙双方协商同意，丙方与甲方建立代理关系。（如无丙方，本条款不适用于本协议）

2.5 甲方同意按照本协议条件和条款以及法律、法规及市场规则等相关规定向<u>乙方购买/通过丙方向乙方购买</u>（选一项填写）项目所生产的电量及对应绿证；乙方同意向甲方出售项目所生产的电量及对应绿证。

2.6 甲、乙方（及丙方，如有）均同意，参与省间多年期绿色电力交易时，应按国家明确的通道送受电消纳方向签约执行。

2.7 本协议仅用于多年期省间绿色电力双边协商交易意向达成，交易组织、结算等按照市场规则执行。

第三章 各方的权利和义务

3.1 甲方的权利包括：

3.1.1 依据本协议参与绿色电力交易；

3.1.2 获得协议相关方履行本协议义务相关的信息、资料；

3.1.3 法律、法规及市场规则等规定的其他权利。

3.2 甲方的义务包括：

3.2.1 按照法律、法规及市场规则等相关规定以及本协议相关约定，在电力交易机构办理完成市场注册，并完成绿色电力账户设立；

3.2.2 按照《供电营业规则》要求，在电网企业办理完成报装立户、签订供用电合同等，取得用电户号；

3.2.3 与协议相关方密切配合，按照电力交易机构的要求，审慎开展相应的绿色电力交易，按照本协议约定不得延迟申报（或确认）交易信息；

3.2.4 配合协议相关方完成绿证划转工作，包括提供所需相关材料；

3.2.5 适时与协议相关方协商制订与履行本协议有关的生产计划和设备检修计划；

3.2.6 法律、法规及市场规则等规定的其他义务。

3.3 乙方的权利包括：

3.3.1 依据本协议参与绿色电力交易；

3.3.2 获得协议相关方履行本协议义务相关的信息、资料；

3.3.3 法律、法规及市场规则等规定的其他权利。

3.4 乙方的义务包括：

3.4.1 按照法律、法规及市场规则等相关规定以及本协议相关约定，在电力交易机构办理完成市场注册，建档立卡，并完成绿色电力账户设立；

3.4.2 按照《发电机组进入及退出商业运营办法》要求，在电网企业办理完成并网接入、与电网企业定期签订并网调度协议等相关合同，取得发电户号；

3.4.3 与协议相关方密切配合，按照电力交易机构的要求，审慎开展相应的绿色电力交易，按照本协议约定不得延迟申报（或确认）交易信息；

3.4.4 适时与协议相关方协商制订与履行本协议有关的项目生产计划和设备检修/停机计划；

3.4.5 配合协议相关方完成绿证划转工作，包括提供所需相关材料；

3.4.6 法律、法规及市场规则等规定的其他义务。

3.5 丙方（如无丙方，本条款不适用于本协议）的权利包括：

3.5.1 为甲方提供代理服务，依据本协议参与绿色电力交易；

3.5.2 获得协议相关方履行本协议义务相关的信息、资料；

3.5.3 法律、法规及市场规则等规定的其他权利。

3.6 丙方（如无丙方，本条款不适用于本协议）的义务包括：

3.6.1 按照法律、法规及市场规则规定以及本协议相关约定，在电力交易机构办理完成市场注册，并完成绿色电力账户设立；

3.6.2 与协议相关方密切配合，按照电力交易机构的要求，审慎开展相应的绿色电力交易，按照本协议约定不得延迟申报（或确认）交易信息；

3.6.3 配合协议相关方完成绿证划转工作，包括提供所需相关材料；

3.6.4 法律、法规及市场规则等规定的其他义务。

3.7 协议各方开展本协议项下的绿色电力交易，共同努力保障交易的稳定性和可持续性。

3.8 本协议存在丙方时，协议期限内，在甲乙丙三方协商同意的情况下，可更换丙方，但原则上不影响甲、乙方的协议履约。更换丙方需签订补充协议，具体事项按各地市场规则和电力交易机构要求执行。

第四章　合　作　模　式

4.1　本协议有效期自_____年___月___日至_____年___月___日（协议期限）。

4.1.1　本协议的转让、终止等按照协议第九章、第十一章规定处理；

4.1.2　甲、乙双方（或甲乙丙三方）开展本协议项下绿色电力交易应满足《电力市场运行基本规则》及配套相关规则细则、《售电公司管理办法》《北京电力交易中心绿色电力交易实施细则》《北京电力交易中心跨区跨省电力中长期交易实施细则》等要求，并具备在电力交易平台开展交易的资质和能力。

4.2　代理关系约定（如无丙方，本条款不适用于本协议）：

4.2.1　甲方须与丙方建立与本协议周期一致的代理关系，协商一致签订绿色电力交易代理协议；

4.2.2　甲乙丙三方可在协商一致情况下，由甲方与丙方解除代理关系，并按照当地相关市场规则或管理办法等履行相关程序，完成相关协议解除手续。自代理关系解除之月的后续协议期，未执行的绿色电力交易协议项下内容，通过电力交易平台转让至承接方，具体由甲乙双方协商确定；

4.2.3　若因丙方原因，导致未能履行本协议项下的绿色电力交易，则甲方应按第十章约定承担向乙方的违约责任；

4.2.4　甲方与丙方可另行约定双方违约责任。

第五章　协　议　电　量　及　分　解

5.1　协议电量：协议期限内，协议电量按以下方式_____确定（以下方式中任选一种）：

5.1.1　方式壹：仅确定年度电量方式。协议期限内，_____年___月至_____年___月协议电量为_____兆瓦时，协议各年度分月电量如下：

单位：兆瓦时

年度	1 月	2 月	3 月	……	合计
合计					

年累计可调增/调减比例依据市场规则确定。各方均同意，上述具体曲线或分时电量约定方式按照市场规则和当年交易组织方案（或要求），由协议各方协商一致后提交电力交易机构。

5.1.2 方式贰：约定电量带曲线方式。协议期限内，_____年___月至_____年___月协议电量为_____兆瓦时，协议各年度分月电量如下：

单位：兆瓦时

年度	1 月	2 月	3 月	……	合计
合计					

协议分时电量如下：

单位：兆瓦时

年月	日期（选填）	0—1 时	1—2 时	2—3 时	……	23—24 时
合计						

年累计可调增/调减比例依据市场规则确定。各方均同意，具备条件情况下，分时电量由协议各方协商一致后通过电力交易平台调整，以电力交易机构发布的最终协议调整后结果为准。

5.1.3 方式叁：约定分时电量方式。协议期限内，协议电量按以下方式约定：

单位：兆瓦时

期号	起始年月	结束年月	交易时段（以整点小时为单位）	协议电量
第一期				
第一期				
第二期				
……				
合计				

年累计可调增/调减比例依据市场规则确定。各方均同意，上述各期交易时段及电量可由协议各方协商一致后通过电力交易平台调整，以电力交易机构发布的最终调整后结果为准。

5.2　成交结果偏差处理方式：针对绿色电力交易实际结算电量与成交电量的偏差电量，电能量与绿色电力环境价值分别处理。

5.2.1　电能量偏差按照有关市场规则进行处理和结算；

5.2.2　协议各方约定，绿色电力环境价值偏差量按市场规则明确计算方法确定，补偿价格按____元/兆瓦时（或绿证市场均价）结算，由违约方支付对方补偿费用；

5.2.3　若甲方直接参与批发市场交易，相关批发市场偏差责任由甲方承担；

5.2.4　若丙方代理甲方参与批发市场交易，相关批发市场偏差责任由甲方与丙方按照省间、省内市场规则承担。

5.3　本协议电力中长期交易结算参考点，以交易平台发布的交易公告信息为准。

5.3.1　本章节约定的省间协议电量一般以交易公告中明确的____（上网侧/落地侧）电力中长期交易结算参考点侧的电量。协议各方也可依据市场规则和交易组织等有关要求另行约定；

5.3.2　交易通道以交易公告公布为准；

5.3.3　跨区跨省交易输电损耗按照"谁受电、谁补偿"原则，由购方支付输电损耗补偿。输电损耗结算原则以《北京电力交易中心跨区跨省电力中长期交易实施细则》为准。

第六章　交　易　电　价

6.1　电能量交易价格：协议期限内，电能量交易价格按以下方式＿＿确定（以下方式中任选一种）：

6.1.1　方式壹：全时段固定价格。协议期限内，可按年、月周期分为＿＿＿个时期，各时期所有时段的电能量交易价格如下表所示：

单位：元/兆瓦时

期号	起始年月	结束年月	电能量价格
第一期			
第二期			
第三期			

6.1.2　方式贰：分时段固定价格。协议期限内，可按年、月周期分为＿＿＿个时期，各时期分时段的电能量交易价格如下表所示：

单位：元/兆瓦时

期号	起始年月	结束年月	交易时段（以整点小时为单位）	电能量价格
第一期				
第二期				
第三期				

6.1.3　方式叁：分时段浮动价格。协议期限内，可按年、月周期分为＿＿＿个时期，各时期分时段的电能量交易价格在该期对应时段的浮动基准价基础上，按照浮动比例相乘或按浮动价格相加得出。

可设置区间型浮动价格，并设置区间上、下限价。当浮动后价格高于区间上限价格，按上限价格结算。当浮动后价格低于区间下限价格，按下限价格结算。如下表所示：

单位：元/兆瓦时

期号	起始年月	结束年月	交易时段（以整点小时为单位）	电能量价格浮动基准	浮动比例/浮动价格	最高上限价格（可选）	最低下限价格（可选）
第一期							
第二期							
第三期							

6.2　绿色电力环境价值价格：协议期限内，绿色电力环境价值按以下方式___确定（以下方式中任选一种）：

6.2.1　方式壹：单一固定价格。协议期限内，___年__月至___年__月，绿色电力环境价值为_____元/兆瓦时。

6.2.2　方式贰：分期固定价格。协议期限内，可按年、月周期分为___个时期，各时期每兆瓦时绿色电力环境价值如下表所示：

单位：元/兆瓦时

期号	起始年月	结束年月	绿色电力环境价值
第一期			
第二期			
第三期			

6.2.3　方式叁：分期浮动价格。协议期限内，可按年、月周期分为___个时期，各时期单位绿色电力环境价值在该时期绿色电力环境浮动基准价基础上，按照浮动比例相乘或按浮动价格相加得出。

可设置区间型浮动价格，并设置区间上、下限价。当浮动后价格高于区间上限价格，按上限价格结算。当浮动后价格低于区间下限价格，按下限价格结算。

单位：元/兆瓦时

期号	起始年月	结束年月	绿色电力环境价值浮动基准	浮动比例/浮动价格	最高上限价格（可选）	最低下限价格（可选）
第一期						
第二期						
第三期						

6.3 协议各方可按照绿色电力交易有关规则，在协商一致的前提下，可对绿色电力交易协议未执行部分进行价格调整，价格调整时成交电量保持不变。协议价格调整通过电力交易平台开展，各方应按要求提交相关协议附件。

6.4 本章节约定的交易电价为交易公告中明确的＿＿＿（发电侧/用户侧）电力中长期交易结算参考点一侧的价格。协议各方也可依据市场规则和交易组织等有关要求另行约定。

6.5 省间绿电交易购方落地价格由交易上网价格、各环节输电价格、输电损耗等构成。

6.6 前述电价不包括省级电网输配电费、辅助服务费用、政府基金及附加费用、分摊费用、国家及地方规则明确的其他费用以及购电方为完成绿色电力交易需要支付的其他交易服务费用，该费用由购电方自行承担，与电网企业等相关主体进行结算。

第七章 交 易 申 报

7.1 协议各方应在满足第 4.1.2 条款所述的前提条件下，完成协议签订后，向电力交易机构提交要约。

7.2 电力交易机构受理要约后，在电力交易平台发布交易公告，甲方（或丙方，如有）与乙方应在规定时间内申报（或确认）交易电量、价格和电力曲线等信息。若因某方原因（包括未及时确认、撤销申报、未按要求申报等）导致交易平台未形成预交易结果，相关方责任按照第十章相应条款处理。

7.3 后续，协议各方协商一致后，可向电力交易机构申报协议调整信息；若甲方通过丙方代理开展绿色电力交易，应督促丙方完成调整信息申报工作。

第八章 结 算 和 收 支

8.1 电能量和绿色电力环境价值按照《北京电力交易中心绿色电力交易实施细则》等有关要求开展结算，电力交易机构出具结算依据。

8.2 协议期限内，协议各方应按照《北京电力交易中心绿色电力交易实施细则》等相关规定，分别与电网企业结算电费及其他相关费用。

8.3　甲、乙双方（及丙方，如有）同意根据本协议相关约定，按照相关规则向甲方划转乙方核发的对应绿证，甲方（及丙方，如有）按照结算依据支付相应费用。

8.4　费用收付

8.4.1　协议各方保持与电网企业的电费结算方式不变。

8.4.2　开户银行及账号信息：协议各方用于结算的银行及账号信息以各自与电网企业确定的账户信息为准。

第九章　协议变更与转让

9.1　非经协商一致，本协议任何一方不得擅自变更、解除和终止本协议，但法律、法规、国家政策及市场规则等相关规定和本协议另有规定的除外。

9.2　协议变更。因国家法律、法规发生变化，或经政府部门、监管机构出台、批复、备案的有关规定、规则变更，导致协议相关条款需要调整时，以相关政策规则为准。

9.3　协议转让。经各方书面达成一致的情况下，某一方可全部或部分转让其在本协议中的权利和义务。

9.4　本协议各方公司合并或分立后，本协议由合并或分立后的法人承继。

第十章　协议违约和补偿

10.1　任何一方均不得擅自变更协议约定，拒绝履行协议义务。任何一方违反本协议，守约方有权要求违约方承担违约责任。电力交易机构根据有关市场规则开展交易合同的偏差结算，本章节约定的违约及补偿事项由协议各方自行协商处理。

10.1.1　违约方应承担继续履行协议、采取补救措施等责任。在继续履约或者采取补救措施后，仍对非违约方造成其他损失的，应当赔偿损失；

10.1.2　本章节所协议电量与成交电量之间的违约单独计算处理，不涉及第5.2条成交结果执行过程中的偏差处理，不影响交易机构的结算。

10.2　甲方一般违约

10.2.1 如发生下列任一情况，则为甲方一般违约，乙方则有权按照第 10.2.2 条款采取相关经济补偿措施：

（1）由于甲方（或丙方，如有）原因导致甲方某一年度的绿色电力成交电量低于该年度协议电量的____%；

（2）甲方未按照本协议相关约定向乙方支付相应到期应付款项；

（3）由于甲方原因，导致第 4.1.2 条所述前提条件无法在起始日前实现；

（4）由于甲方（或丙方，如有）原因，导致双方未能按协议电量开展绿色电力交易；

（5）……

10.2.2 甲方一般违约的处理原则。若甲方发生第 10.2.1 条款中的违约情况：

（1）由于甲方（或丙方，如有）原因，导致双方绿色电力成交电量低于协议电量的情况下，经乙方书面通知，甲方应在收到前述通知后的___个工作日内，向乙方支付违约金___元。若违约金不足以弥补乙方损失，则直接赔偿乙方所遭受的直接损失（包括协议电量中未成交部分的电能量、环境价值等对应损失）；

（2）乙方有权选择将协议电量中未成交部分及对应绿证向其他第三方出售，包括通过参与电力市场交易的方式进行出售；

（3）双方的违约金单独支付与交易平台的结算电费无关，甲方每逾期一日，应按照应付未付金额的___‰/日，向乙方支付迟延罚息，直至付清为止；

（4）若甲方或其委托的售电公司（丙方）无法在起始日前满足第 4.1.2 条所述前提条件，则：

a. 乙方有权选择解除本协议。在此情形下，甲方应向乙方支付违约金____万元；

b. 若乙方并未选择解除本协议，则第 4.1.2 条所述前提条件每延迟一日实现，甲方按照____元/天计算延迟违约金，按日向乙方支付，直至相关前提条件满足为止。

（5）若因丙方原因导致甲方对乙方发生违约情况的，由甲方承担对乙方的赔偿责任，甲方与丙方自行约定违约金承担比例。

10.3 甲方根本违约

10.3.1 如发生下列任一情况，则为甲方根本违约，乙方则有权按照第 10.3.2 条款采取相关经济补偿措施：

（1）由于甲方（或丙方，如有）原因导致甲方某一年度的绿色电力成交电量低于该年度协议电量的＿＿%（违约电量应大于一般违约情况）；

（2）甲方（或丙方，如有）违反本协议约定，提前终止、解除本协议，或明示、默示拒绝履行本协议相关责任义务；

（3）甲方发生破产、资不抵债、解散、被依法注销等丧失履约能力的情形；

（4）甲方（或丙方，如有）存在其他违约行为致使本协议目的无法实现；

（5）……

10.3.2　甲方根本违约的处理原则。若甲方发生第 10.3.1 条款中任何一项违约情况：

（1）甲方应向乙方支付违约金，违约金金额为终止通知前的＿＿月（不含当月）的成交电量所对应电费金额的 30%，即：

违约金＝30%×终止通知前＿＿月（不含当月）的成交电量×合约电价

若违约金不足以弥补乙方损失，则甲方直接赔偿乙方所遭受的直接损失（包括协议电量中未成交部分的电能量、环境价值等对应损失）。

（2）若因丙方原因导致甲方对乙方发生根本违约情况的，由甲方承担对乙方的赔偿责任，甲方与丙方自行约定违约金承担比例。

10.4　乙方一般违约

10.4.1　如发生下列任一情况，则为乙方一般违约，甲方则有权按照第 10.4.2 条款采取相关经济补偿措施：

（1）由于乙方原因导致乙方某一年度的绿色电力成交电量低于该年度协议电量的＿＿%；

（2）由于乙方原因，导致双方未能按本协议项下协议电量开展绿色电力交易，或实际开展的绿色电力成交电量低于协议电量，对甲方造成直接损失；

（3）……

10.4.2　乙方一般违约的处理原则。若乙方发生第 10.4.1 条款中的违约情况：

（1）由于乙方原因，导致双方绿色电力成交电量低于协议电量的情况下，经甲方（或丙方，如有）书面通知，乙方应在收到前述通知后的＿＿个工作日内，赔偿甲方（及丙方，如有）所遭受的直接损失，具体金额由相关方协商确定；

（2）乙方支付每逾期一日，应按照应付未付金额的＿＿‰/日，向甲方（及丙方，如有）支付迟延罚息，直至付清为止；

（3）若乙方无法在起始日前满足第4.1.2条所述前提条件，则：

a. 甲方有权选择解除本协议。在此情形下，乙方应向甲方支付违约金＿＿＿万元；

b. 若甲方并未选择解除本协议，则第4.1.2条所述前提条件每延迟一日实现，乙方按照＿＿＿元/天计算延迟违约金，按日向甲方支付，直至相关前提条件满足为止。

10.5　乙方根本违约

10.5.1　如发生下列任一情况，则为乙方根本违约，甲方则有权按照第10.5.2条款采取相关经济补偿措施：

（1）由于乙方原因导致某一年度的绿色电力成交电量低于该年度协议电量的＿＿＿%（违约电量应大于一般违约情况）；

（2）乙方违反本协议约定，提前终止、解除本协议，或明示、默示拒绝履行本协议相关责任义务；

（3）乙方发生破产、资不抵债、解散、被依法注销或本项目被拆除等丧失履约能力的情形；

（4）乙方存在其他违约行为致使本协议目的无法实现的情形；

（5）……

10.5.2　乙方根本违约的处理原则。若乙方发生第10.5.1条款中任何一项违约情况，乙方应向甲方支付违约金，违约金金额为终止通知前的＿＿＿月（不含当月）的成交电量所对应电费金额的30%，即：

违约金＝30%×终止通知前＿＿＿月（不含当月）的成交电量×合约电价

若违约金不足以弥补甲方损失，则乙方直接赔偿甲方所遭受的直接损失（包括协议电量中未成交部分的电能量、环境价值等对应损失）。

第十一章　协　议　解　除

11.1　除本协议另有约定外，在本协议履行期限届满之前，如甲乙一方发生下列事件，则另一方有权在发出解除通知后的＿＿＿日内解除本协议：

11.1.1　一方未及时支付本协议项下应付款项，且在收到相关方书面通知后的＿＿＿日内仍未支付；

11.1.2　一方被申请破产、清算或被吊销营业执照；

11.1.3　一方与另一实体联合、合并或将其所有或大部分资产转移给另一实体，而该存续的企业不能合理地承担其在本协议项下的所有义务；

11.1.4　一方被行政机关、行政机关授权的单位、司法机关列入信用不良单位；

11.1.5　一方被政府部门认定取消经营主体资格；

11.1.6　本协议签署后发生重大不利影响事件导致一方无法开展本协议项下绿色电力交易的；

11.1.7　一方发生第十章描述的根本违约事件；

11.1.8　发生第 12.5 条所述不可抗力造成的协议解除。

11.2　如甲乙一方根据本协议相关约定解除或终止本协议，另一方将不再受本协议条款和条件约束，但以下情形除外：

11.2.1　本协议解除或终止前双方已经产生的任何权利和义务；

11.2.2　本协议中有关解除、争议解决和保密的条款在本协议解除后仍然有效；

11.2.3　未尽事宜，由双方协商签订补充协议。补充协议与本协议具有同等法律效力。

第十二章　不　可　抗　力

12.1　若不可抗力的发生完全或部分地妨碍协议甲乙一方履行本协议项下的任何义务，则受不可抗力影响的一方可暂停履行其义务，但前提是：

12.1.1　暂停履行的范围和时间不超过消除不可抗力影响的合理需要；

12.1.2　受不可抗力影响的一方应继续履行本协议项下未受不可抗力影响的其他义务，包括所有到期付款的义务；

12.1.3　一旦不可抗力结束，受不可抗力影响的一方应尽快恢复履行本协议。

12.2　若甲乙一方因不可抗力而不能履行本协议，则受不可抗力影响的一方应在不可抗力发生之日（如遇通信中断，则自通信恢复之日）起 7 个工作日内书面通知协议其他方。该通知书应说明不可抗力的发生日期和预计持续的时间、事件性质、对受不可抗力影响的一方履行本协议的影响及受不可抗力影响的一方为减少不可抗力影响所采取的措施。

受不可抗力影响的一方应在不可抗力发生之日（如遇通信中断，则自通信恢复之日）起 15 个工作日内向协议其他方提供一份由不可抗力发生地公证机构出具的证明文件。

12.3　受不可抗力影响的甲乙一方应采取合理的措施，以减少因不可抗力给协议其他方带来的损失。双方应及时协商制定并实施补救计划及合理的替代措施以减少或消除不可抗力的影响。

若受不可抗力影响的一方未能尽其努力采取合理措施减少不可抗力的影响，则该方应承担由此扩大的损失。

12.4　若发生不可抗力，甲乙双方首先应尽量调整余下的生产计划，尽可能使结算电量接近成交电量。

12.5　不可抗力造成的协议解除

12.5.1　不可抗力导致无法履行协议义务持续超过___天（如：180 天），甲乙双方中非受不可抗力影响一方可以提前___天（如：12 天）书面通知受不可抗力影响一方终止本协议，且无需承担任何违约责任。双方可协商决定继续履行本协议的条件或解除本协议；

12.5.2　不可抗力发生之日起（如遇通信中断，则自通信恢复之日）___日内（如：45 日），甲乙双方不能就继续履行协议的条件或解除本协议达成一致意见，则按照第 14.2 条所述处理。

第十三章　免　责　事　件

13.1　如果由于法律、法规、国家政策及市场规则等相关规定变更，导致一方无法按照本协议完全或部分开展相关绿色电力交易，可以免责，且无须向相关方承担任何违约责任或支付任何补偿。

13.2　若非协议各方原因，一方（即免责事件声明方）运营受限，进而导致其无法按照本协议完全或部分开展相关绿色电力交易，免责事件声明方可在免责事件发生的期间和影响的范围内免除履行其本协议下的义务，且无须向相关方承担任何违约责任或支付任何补偿。

13.3　在发生免责事件时，免责事件声明方应尽快通知相关方，并采取合理措施减少影响，否则需对扩大部分的损失，承担责任。免责事件的影响结束后，免责事件声明方应在合理可行的情况下，尽快恢复履行其协议约定的义务。

第十四章　争　议　的　解　决

14.1　本协议适用中国法律，并依据中国法律进行解释。

14.2　因执行本协议所发生的与本协议有关的一切争议，双方应协商解决。若双方未能协商解决，按以下第____种方式处理：

（1）仲裁：提交____仲裁委员会仲裁，仲裁裁决为终局结果，对各方均有约束力。

（2）诉讼：向____法院提起诉讼。

第十五章　其　　他

15.1　保密条款

合同各方均应保证其从其他方取得的所有无法自公开渠道获得的资料和文件（包括财务、技术等内容）予以保密。未经该资料和文件的原提供方同意，其他方不得向任何第三方透露该资料和文件的全部或任何部分，但按照法律、法规规定可做出披露的情况除外。

15.2　本协议自各方法定代表人（负责人）或其授权代表签署并加盖各方公章或合同专用章之日起生效。协议签订日期以各方中最后一方签署并加盖公章或合同专用章的日期为准。

15.3　本协议正本一式____份，甲方执____份，乙方执____份，根据需求报送政府主管部门、监管机构、电力交易机构（若本协议包含丙方，则正本一式____份，除上述份数外，丙方执____份），具有同等法律效力。

（此页无正文）

甲　方：

签订日期：　　　年　　　月　　　日

乙　方：

签订日期：　　　年　　　月　　　日

丙　方：（如不涉及，请在空白处划"/"）

签订日期：　　　年　　　月　　　日

附录 4

多年期省内绿色电力双边协商交易协议参考模板（试行）

甲　　方：（电力用户）

乙　　方：（新能源发电企业）

丙　　方：（售电公司，如不涉及，请在空白处划"/"）

签订日期：

使 用 说 明

1. 本协议供甲（或丙方，如有）、乙方开展多年期省内绿色电力交易时参照使用。甲（或丙方，如有）、乙方应通过电力交易平台参与多年期省内绿色电力中长期交易，以电力交易平台发布的交易信息作为交易履行和交易结算依据。

2. 签订本协议的主要目的是保障多年期省内绿色电力中长期交易规范有序开展，维护交易各方的合法权益，保证市场化交易顺利实施。

3. 本协议履行过程中如政府主管部门或监管机构颁布新的法律、法规、规章及其他规范性文件，协议按新的规定执行。

4. 本协议约定的"违约和补偿"事项，由甲方（或丙方，如有）、乙方自行协商处理。

目　　录

第一章　　定义和解释 ……………………………………………………… 202

第二章　　各方陈述 ………………………………………………………… 203

第三章　　各方的权利和义务 ……………………………………………… 204

第四章　　合作模式 ………………………………………………………… 206

第五章　　协议电量及分解 ………………………………………………… 206

第六章　　交易电价 ………………………………………………………… 208

第七章　　交易申报 ………………………………………………………… 210

第八章　　结算和收支 ……………………………………………………… 211

第九章　　协议变更与转让 ………………………………………………… 211

第十章　　协议违约和补偿 ………………………………………………… 212

第十一章　协议解除 ………………………………………………………… 215

第十二章　不可抗力 ………………………………………………………… 216

第十三章　免责事件 ………………………………………………………… 217

第十四章　争议的解决 ……………………………………………………… 217

第十五章　其他 ……………………………………………………………… 217

多年期省内绿色电力双边协商交易协议

甲　方：（电力用户）

地　址：

法定代表人：

乙　方：（新能源发电企业）

地　址：

法定代表人：

丙　方：（售电公司）（如不涉及，请在空白处划"/"）

地　址：（如不涉及，请在空白处划"/"）

法定代表人：（如不涉及，请在空白处划"/"）

各方确认未经书面通知变更，以下为各方有效通信地址：

甲方名称：_____

收件人：_____　电子邮件：_____

电话：_____　传真：_____　邮编：_____

通信地址：_____

乙方名称：_____

收件人：_____　电子邮件：_____

电话：_____　传真：_____　邮编：_____

通信地址：_____

丙方名称：_____

收件人：_____　电子邮件：_____

电话：_____　传真：_____　邮编：_____

通信地址：_____

　　协议各方根据《中华人民共和国民法典》《中华人民共和国电力法》以及国家其他有关法律法规、《电力市场运行基本规则》及配套相关规则细则、《北京电力交易中心绿色电力交易实施细则》等有关规则，本着平等、自愿、诚实、信用的原则，经协商一致，签订本协议。

第一章　定义和解释

1.1　定义

1.1.1　绿色电力交易：指以绿色电力和对应绿色电力环境价值为标的物的电力交易品种，交易电力同时提供国家核发的可再生能源绿色电力证书（以下简称绿证），用以满足发电企业、售电公司、电力用户等出售、购买绿色电力的需求；

1.1.2　协议电量：甲、乙方（及丙方，如有）在本协议项下的绿色电力交易意向电量；

1.1.3　成交电量：甲、乙方（及丙方，如有）在本协议项下明确的协议电量，经电力交易机构电量校核和电力调度机构安全校核后，确定的最终成交电量；

1.1.4　绿色电力交易周期：指交割绿色电力及明确对应绿证归属的时间期限；

1.1.5　不可抗力：指不能预见、不能避免并不能克服的客观情况。包括：火山爆发、龙卷风、海啸、暴风雨、泥石流、山体滑坡、水灾、火灾、超设计标准的地震、台风、雷电、雾闪，以及核辐射、战争、瘟疫、骚乱等❶。

1.2　解释

1.2.1　本协议中的标题仅为阅读方便，不应以任何方式影响对本协议的解释；

1.2.2　本协议附件与正文具有同等的法律效力；

1.2.3　除上下文另有要求外，本协议所指的日、月、年均为公历日、月、年；

1.2.4　协议中的"包括"一词指：包括但不限于；

1.2.5　协议有关空格的内容由双方约定或者据实填写，空格处没有添加内容的，请填写"无"或者"/"；

1.2.6　本协议仅供各经营主体开展绿色电力交易时参照使用，协议各方可根据具体情况，在公平、合理和协商一致的基础上对参考模板进行适当调整、

---

❶ 此处列举了一些典型的不可抗力，双方可根据当地实际情况选择适用或新补充。

补充、细化或者完善有关章节或条款，增加或者减少定义、附件等。法律、法规或者国家有关部门有规定的，按照规定执行。

第二章　各　方　陈　述

2.1　甲方（及丙方，如有）/乙方任何一方在此向____（另一方/另两方）陈述如下：

2.1.1　甲方（电力用户）为一家根据中华人民共和国法律设立和存续的具有财务独立核算、能够独立承担民事责任的企事业单位、军队、社会机构等民事主体，主要营业（办公）地址位于____，注册所在的电力交易机构为____，统一社会信用代码为____，有权签署并有能力履行本协议（完成电力市场注册手续，是有资格参与电力市场的经营主体）；

2.1.2　乙方（发电企业）为一家根据中华人民共和国法律设立和存续的具有财务独立核算、能够独立承担民事责任的民事主体，主要营业地址位于____，注册所在的电力交易机构为____，统一社会信用代码为____，有权签署并有能力履行本协议（完成电力市场注册手续，是有资格参与电力市场的经营主体）；

2.1.3　丙方（售电公司，如有）为一家根据中华人民共和国法律设立和存续的具有财务独立核算、能够独立承担民事责任的民事主体，主要营业地址位于____，注册所在的电力交易机构为____，统一社会信用代码为____，有权签署并有能力履行本协议（完成电力市场注册手续，是有资格参与电力市场的经营主体）；

2.1.4　甲方在____（地点）拥有并经营管理____（交易平台注册主体名称），交易平台注册用电户号包括____、____、____；

2.1.5　乙方在____（地点）拥有并运营管理总装机容量为____兆瓦（MW）的____项目（交易平台注册主体名称），调度名称为____，机组包括____、____、____；

2.1.6　在签署本协议时，任何法院、仲裁机构、行政机关或监管机构均未作出任何足以对各方履行本协议产生重大不利影响的判决、裁定、裁决或具体行政行为。

2.2　各方均已完成为签署本协议所需的内部授权程序，签署本协议的是各方法定代表人或授权代理人，并且本协议生效后即对各方具有法律约束力。

2.3 若法律、法规、国家政策及市场规则等相关规定发生变化或者政府部门、监管机构出台、批复有关规定、规则，协议各方按照法律、法规、国家政策及市场规则等相关规定对本协议予以调整和修改。

2.4 甲、乙双方协商同意，丙方与甲方建立代理关系。（如无丙方，本条款不适用于本协议）

2.5 甲方同意按照本协议条件和条款以及相关法律、法规及市场规则等规定向乙方购买/通过丙方向乙方购买（选一项填写）项目所生产的电能量及对应绿证；乙方同意向甲方出售项目所生产的电能量及对应绿证。

2.6 本协议仅用于多年期省内绿色电力双边协商交易意向达成，交易组织、结算等按照市场规则执行。

第三章 各方的权利和义务

3.1 甲方的权利包括：

3.1.1 依据本协议参与绿色电力交易；

3.1.2 获得协议相关方履行本协议义务相关的信息、资料；

3.1.3 法律、法规及市场规则等规定的其他权利。

3.2 甲方的义务包括：

3.2.1 按照法律、法规及市场规则等相关规定以及本协议相关约定，在电力交易机构办理完成市场注册，并完成绿色电力账户设立；

3.2.2 按照《供电营业规则》要求，在电网企业办理完成报装立户，签订供用电合同等，取得用电户号；

3.2.3 与协议相关方密切配合，按照电力交易机构的要求，审慎开展相应的绿色电力交易，按照本协议约定不得延迟申报（或确认）交易信息；

3.2.4 配合协议相关方完成绿证划转工作，包括提供所需相关材料；

3.2.5 适时与协议相关方协商制订与履行本协议有关的生产计划和设备检修计划；

3.2.6 法律、法规及市场规则等规定的其他义务。

3.3 乙方的权利包括：

3.3.1　依据本协议参与绿色电力交易；

3.3.2　获得协议相关方履行本协议义务相关的信息、资料；

3.3.3　法律、法规及市场规则等规定的其他权利。

3.4　乙方的义务包括：

3.4.1　按照法律、法规及市场规则等相关规定以及本协议相关约定，在电力交易机构办理完成市场注册，建档立卡，并完成绿色电力账户设立；

3.4.2　按照《发电机组进入及退出商业运营办法》要求，在电网企业办理完成并网接入、与电网企业定期签订并网调度协议等相关合同，取得发电户号；

3.4.3　与协议相关方密切配合，按照电力交易机构的要求，审慎开展相应的绿色电力交易，按照本协议约定不得延迟申报（或确认）交易信息；

3.4.4　适时与协议相关方协商制订与履行本协议有关的项目生产计划和设备检修/停机计划；

3.4.5　配合协议相关方完成绿证划转工作，包括但不限于提供所需相关材料；

3.4.6　法律、法规及市场规则等规定的其他义务。

3.5　丙方（如无丙方，本条款不适用于本协议）的权利包括：

3.5.1 为甲方提供代理服务，依据本协议参与绿色电力交易；

3.5.2　获得协议相关方履行本协议义务相关的信息、资料；

3.5.3　法律、法规及市场规则等规定的其他权利。

3.6　丙方（如无丙方，本条款不适用于本协议）的义务包括：

3.6.1　按照法律、法规及市场规则等相关规定、条款以及本协议相关约定，在电力交易机构办理完成市场注册，并完成绿色电力账户设立；

3.6.2　与协议相关方密切配合，按照电力交易机构的要求，审慎开展相应的绿色电力交易，按照本协议约定不得延迟申报（或确认）交易信息；

3.6.3　配合协议相关方完成绿证划转工作，包括提供所需相关材料；

3.6.4　法律、法规及市场规则等规定的其他义务。

3.7　协议各方开展本协议项下的绿色电力交易，共同努力保障交易的稳定性和可持续性。

3.8　本协议存在丙方时，协议期限内，在甲乙丙三方协商同意的情况下，

可更换丙方，但原则上不影响甲、乙方的协议履约。更换丙方需签订补充协议，具体事项按各地市场规则和电力交易机构要求执行。

第四章　合　作　模　式

4.1　本协议有效期自_____年___月___日至_____年___月___日（协议期限）。

4.1.1　本协议的转让、终止等按照协议第九章、第十一章规定处理；

4.1.2　甲、乙双方（或甲乙丙三方）开展本协议项下绿色电力交易应满足《电力市场运行基本规则》及配套相关规则细则、《售电公司管理办法》《北京电力交易中心绿色电力交易实施细则》要求，并具备在电力交易平台开展交易的资质和能力。

4.2　代理关系约定（如无丙方，本条款不适用于本协议）：

4.2.1　甲方须与丙方建立与本协议周期一致的代理关系，协商一致签订绿色电力交易代理协议；

4.2.2　甲乙丙三方可在协商一致情况下，由甲方与丙方解除代理关系，并按照当地相关市场规则或管理办法等履行相关程序，完成相关协议解除手续。自代理关系解除之月的后续协议期，未执行的绿色电力交易协议项下内容，通过电力交易平台转让至承接方，具体由甲乙双方协商确定；

4.2.3　若因丙方原因，导致未能履行本协议项下的绿色电力交易，则甲方应按第十章约定承担向乙方的违约责任；

4.2.4　甲方与丙方可参照本协议另行约定双方违约责任。

第五章　协议电量及分解

5.1　协议电量：协议期限内，协议电量按以下方式_____确定（以下方式中任选一种）：

5.1.1　方式壹：仅确定年度电量方式。协议期限内，_____年___月至_____年___月协议电量为_____兆瓦时，协议各年度分月电量如下：

单位：兆瓦时

年度	1 月	2 月	3 月	……	合计
合计					

年累计可调增/调减比例依据市场规则确定。各方均同意，上述具体曲线或分时电量约定方式按照市场规则和当年交易组织方案（或要求），由协议各方协商一致后提交电力交易机构。

5.1.2   方式贰：约定电量带曲线方式。协议期限内，_____年___月至_____年___月协议电量为_____兆瓦时。协议各年度分月电量如下：

单位：兆瓦时

年度	1 月	2 月	3 月	……	合计
合计					

协议分时电量如下：

单位：兆瓦时

年月	日期（选填）	0—1 时	1—2 时	2—3 时	……	23—24 时
合计						

年累计可调增/调减比例依据市场规则确定。各方均同意，具备条件情况下，分时电量由协议各方协商一致后通过电力交易平台调整，以电力交易机构发布的最终协议调整后结果为准。

5.1.3   方式叁：约定分时电量方式。协议期限内，协议电量按以下方式约定：

单位：兆瓦时

期号	起始年月	结束年月	交易时段 （以整点小时为单位）	协议电量
第一期				
第一期				
第二期				
……				
合计				

年累计可调增/调减比例依据市场规则确定。各方均同意，上述各期时段及电量可由协议各方协商一致后通过电力交易平台调整，以电力交易机构发布的最终调整后结果为准。

5.2 成交电量偏差处理方式：针对绿色电力交易实际结算电量与成交电量的偏差电量，电能量与绿色电力环境价值分别处理。

5.2.1 电能量偏差按照有关市场规则进行处理和结算；

5.2.2 协议各方约定，绿色电力环境价值偏差量按市场规则明确计算方法确定，补偿价格按____元/兆瓦时（或绿证市场均价）结算，由违约方支付对方补偿费用；

5.2.3 若甲方直接参与批发市场交易，相关批发市场偏差责任由甲方承担；

5.2.4 若丙方代理甲方参与批发市场交易，相关批发市场偏差责任由甲方与丙方按照省内市场规则约定承担方式。

5.3 本协议电力中长期交易结算参考点如有，以交易平台发布的交易公告信息为准。

第六章 交 易 电 价

6.1 电能量交易价格：协议期限内，电能量交易价格按以下方式_____确定（以下方式中任选一种）：

6.1.1 方式壹：全时段固定价格。协议期限内，可按年、月周期分为____个时期，各时期所有时段的电能量交易价格如下表所示：

单位：元/兆瓦时

期号	起始年月	结束年月	电能量价格
第一期			
第二期			
第三期			

6.1.2　方式贰：分时段固定价格。协议期限内，可按年、月周期分为＿＿＿个时期，各时期分时段的电能量交易价格如下表所示：

单位：元/兆瓦时

期号	起始年月	结束年月	交易时段（以整点小时为单位）	电能量价格
第一期				
第二期				
第三期				

6.1.3　方式叁：分时段浮动价格。协议期限内，可按年、月周期分为＿＿＿个时期，各时期分时段的电能量交易价格在该期对应时段的浮动基准价基础上，按照浮动比例相乘或按浮动价格相加得出。

可设置区间型浮动价格，并设置区间上、下限价。当浮动后价格高于区间上限价格，按上限价格结算。当浮动后价格低于区间下限价格，按下限价格结算。如下表所示：

单位：元/兆瓦时

期号	起始年月	结束年月	交易时段（以整点小时为单位）	电能量价格浮动基准	浮动比例/浮动价格	最高上限价格（可选）	最低下限价格（可选）
第一期							
第二期							
第三期							

6.2　绿色电力环境价值价格：协议期限内，绿色电力环境价值按以下方式＿＿＿＿＿＿确定（以下方式中任选一种）：

6.2.1　方式壹：单一固定价格。协议期限内，＿＿＿＿＿＿年＿＿月至＿＿＿＿＿＿年＿＿月，绿色电力环境价值为＿＿＿＿＿＿元/兆瓦时。

6.2.2　方式贰：分期固定价格。协议期限内，可按年、月周期分为＿＿＿个时期，各时期每兆瓦时绿色电力环境价值如下表所示：

单位：元/兆瓦时

期号	起始年月	结束年月	绿色电力环境价值
第一期			
第二期			
第三期			

6.2.3　方式叁：分期浮动价格。协议期限内，可按年、月周期分为＿＿＿个时期，各时期单位绿色电力环境价值在该时期绿色电力环境浮动基准价基础上，按照浮动比例相乘或按浮动价格相加得出。

可设置区间型浮动价格，并设置区间上、下限价。当浮动后价格高于区间上限价格，按上限价格结算。当浮动后价格低于区间下限价格，按下限价格结算。

单位：元/兆瓦时

期号	起始年月	结束年月	绿色电力环境价值浮动基准	浮动比例/浮动价格	最高上限价格（可选）	最低下限价格（可选）
第一期						
第二期						
第三期						

6.3　协议各方可按照绿色电力交易有关规则，在协商一致的前提下，可对绿色电力交易协议未执行部分进行价格调整，价格调整时成交电量保持不变。协议价格调整通过电力交易平台开展，各方应按要求提交相关附件。

6.4　前述电价不包括省级电网输配电费、辅助服务费用、政府基金及附加费用、分摊费用、国家及地方规则明确的其他费用以及购电方为完成绿色电力交易需要支付的其他交易服务费用，该费用由购电方自行承担，与电网企业等相关主体进行结算。

第七章　交　易　申　报

7.1　协议各方应在满足第 4.1.2 条款所述的前提条件下，完成协议签订后，向电力交易机构提交要约。

7.2　电力交易机构受理要约后，在电力交易平台发布交易公告，甲方（或丙方，如有）与乙方应在规定时间内申报（或确认）交易电量、价格和电力曲线等信息。若因某方原因（包括未及时确认、撤销申报、未按要求申报等）导致交易平台未形成预交易结果，相关方责任按照第十章相应条款处理。

7.3　后续，协议各方协商一致后，可向电力交易机构申报协议调整信息；若甲方通过丙方代理开展绿色电力交易，应督促丙方完成调整信息申报工作。

第八章　结　算　和　收　支

8.1　电能量和绿色电力环境价值按照《北京电力交易中心绿色电力交易实施细则》等有关要求开展结算，电力交易机构出具结算依据。

8.2　协议期限内，协议各方应按照《北京电力交易中心绿色电力交易实施细则》等相关规定，分别与电网企业结算电费及其他相关费用。

8.3　甲、乙双方（及丙方，如有）同意根据本协议相关约定，按照相关规则向甲方划转乙方核发的对应绿证，甲方（及丙方，如有）按照结算依据支付相应费用。

8.4　费用收付

8.4.1　协议各方保持与电网企业的电费结算方式不变。

8.4.2　开户银行及账号信息：协议各方用于结算的银行及账号信息以各自与电网企业确定的账户信息为准。

第九章　协　议　变　更　与　转　让

9.1　非经协商一致，本协议任何一方不得擅自变更、解除和终止本协议，但法律、法规、国家政策及市场规则等相关规定和本协议另有规定的除外。

9.2　协议变更。因国家法律、法规发生变化，或经政府部门、监管机构出台、批复、备案的有关规定、规则变更，导致协议相关条款需要调整时，以相关政策规则为准。

9.3　协议转让。经各方书面达成一致的情况下，某一方可全部或部分转让其在本协议中的权利和义务。

9.4 本协议各方公司合并或分立后，本协议由合并或分立后的法人承继。

第十章 协议违约和补偿

10.1 任何一方均不得擅自变更协议约定，拒绝履行协议义务。任何一方违反本协议，守约方有权要求违约方承担违约责任。电力交易机构根据有关市场规则开展交易合同的偏差结算，本章节约定的违约及补偿事项由协议各方自行协商处理。

10.1.1 违约方应承担继续履行协议、采取补救措施等责任。在继续履约或者采取补救措施后，仍对非违约方造成其他损失的，应当赔偿损失；

10.1.2 本章节所协议电量与成交电量之间的违约单独计算处理，不涉及第5.2条成交结果执行过程中的偏差处理，不影响交易机构的结算。

10.2 甲方一般违约

10.2.1 如发生下列任一情况，则为甲方一般违约，乙方则有权按照第10.2.2条款采取相关经济补偿措施：

（1）由于甲方（或丙方，如有）原因导致甲方某一年度的绿色电力成交电量低于该年度协议电量的____%；

（2）甲方未按照本协议相关约定向乙方支付相应到期应付款项；

（3）由于甲方原因，导致第4.1.2条所述前提条件无法在起始日前实现；

（4）由于甲方（或丙方，如有）原因，导致双方未能按协议电量开展绿色电力交易；

（5）……

10.2.2 甲方一般违约的处理原则。若甲方发生第10.2.1条款中任何一项违约情况：

（1）由于甲方（或丙方，如有）原因，导致双方绿色电力成交电量低于协议电量的情况下，经乙方书面通知，甲方应在收到前述通知后的___个工作日内，向乙方支付违约金___元。若违约金不足以弥补乙方损失，则直接赔偿乙方所遭受的直接损失（包括协议电量中未成交部分的电能量、环境价值等对应损失）；

（2）乙方有权选择将协议电量中未成交部分及对应绿证向其他第三方出

售，包括通过参与电力市场交易的方式进行出售；

（3）双方的违约金单独支付与交易平台的结算电费无关，甲方每逾期一日，应按照应付未付金额的___‰/日，向乙方支付迟延罚息，直至付清为止；

（4）若甲方（或丙方，如有）无法在起始日前满足第 4.1.2 条所述前提条件，则：

a. 乙方有权选择解除本协议。在此情形下，甲方应向乙方支付违约金_____万元；

b. 若乙方并未选择解除本协议，则第 4.1.2 条所述前提条件每延迟一日实现，甲方按照_____元/天计算延迟违约金，按日向乙方支付，直至相关前提条件满足为止。

（5）若因丙方原因导致甲方对乙方发生违约情况的，由甲方承担对乙方的赔偿责任，甲方与丙方自行约定违约金赔承担比例。

10.3　甲方根本违约

10.3.1　如发生下列任一情况，则为甲方根本违约，乙方则有权按照第 10.3.2 条款采取相关经济补偿措施：

（1）由于甲方（或丙方，如有）原因导致甲方某一年度的绿色电力成交电量低于该年度协议电量的_____%（违约电量应大于一般违约情况）；

（2）甲方（或丙方，如有）违反本协议约定，提前终止、解除本协议，或明示、默示拒绝履行本协议相关责任义务；

（3）甲方发生破产、资不抵债、解散、被依法注销等丧失履约能力的情形；

（4）甲方（或丙方，如有）存在其他违约行为致使本协议目的无法实现；

（5）……

10.3.2　甲方根本违约的处理原则。若甲方发生第 10.3.1 条款中的违约情况：

（1）甲方应向乙方支付违约金，违约金金额为终止通知前的_____月（不含当月）的成交电量所对应电费金额的 30%，即：

违约金＝30%×终止通知前___月（不含当月）的成交电量×合约电价

若违约金不足以弥补乙方损失，则甲方直接赔偿乙方所遭受的直接损失（包括协议电量中未成交部分的电能量、环境价值等对应损失）。

（2）若因丙方原因导致甲方对乙方发生根本违约情况的，由甲方承担对乙方的赔偿责任，甲方与丙方自行约定违约金承担比例。

10.4   乙方一般违约

10.4.1   如发生下列任一情况，则为乙方一般违约，甲方则有权按照第 10.4.2 条款采取相关经济补偿措施：

（1）由于乙方原因导致乙方某一年度的绿色电力成交电量低于该年度协议电量的___%；

（2）由于乙方原因，导致双方未能按本协议项下协议电量开展绿色电力交易，或实际开展的绿色电力成交电量低于协议电量，对甲方造成直接损失；

（3）……

10.4.2   乙方一般违约的处理原则。若乙方发生第 10.4.1 条款中的违约情况：

（1）由于乙方原因，导致双方绿色电力成交电量低于协议电量的情况下，经甲方（或丙方，如有）书面通知，乙方应在收到前述通知后的___个工作日内，赔偿甲方（及丙方，如有）所遭受的直接损失，具体金额由相关方协商确定；

（2）乙方支付每逾期一日，应按照应付未付金额的___‰/日，向甲方（及丙方，如有）支付迟延罚息，直至付清为止；

（3）若乙方无法在起始日前满足第 4.1.2 条所述前提条件，则：

a. 甲方有权选择解除本协议。在此情形下，乙方应向甲方支付违约金_____万元；

b. 若甲方并未选择解除本协议，则第 4.1.2 条所述前提条件每延迟一日实现，乙方按照____元/天计算相关金额计算每日的延迟违约金，按日向甲方支付，直至相关前提条件满足为止。

10.5   乙方根本违约

10.5.1   如发生下列任一情况，则为乙方根本违约，甲方则有权按照第 10.5.2 条款采取相关经济补偿措施：

（1）由于乙方原因导致某一年度的绿色电力成交电量低于该年度协议电量的____%（违约电量应大于一般违约情况）；

（2）乙方违反本协议约定，提前终止、解除本协议，或明示、默示拒绝履行本协议相关责任义务；

（3）乙方发生破产、资不抵债、解散、被依法注销或本项目被拆除等丧失履约能力的情形；

（4）乙方存在其他违约行为致使本协议目的无法实现的情形；

（5）……

10.5.2　乙方根本违约的处理原则。若乙方发生第 10.5.1 条款中任何一项违约情况，乙方应向甲方支付违约金，违约金金额为终止通知前的____月（不含当月）的成交电量所对应电费金额的 30%，即：

违约金 = 30% × 终止通知前____月（不含当月）的成交电量 × 合约电价

若违约金不足以弥补甲方损失，则乙方直接赔偿甲方所遭受的直接损失（包括协议电量中未成交部分的电能量、环境价值等对应损失）。

第十一章　协　议　解　除

11.1　除本协议另有约定外，在本协议履行期限届满之前，如甲乙一方发生下列事件，则另一方有权在发出解除通知后的____日内解除本协议：

11.1.1　一方未及时支付本协议项下应付款项，且在收到相关方书面通知后的____日内仍未支付；

11.1.2　一方被申请破产、清算或被吊销营业执照；

11.1.3　一方与另一实体联合、合并或将其所有或大部分资产转移给另一实体，而该存续的企业不能合理地承担其在本协议项下的所有义务；

11.1.4　一方被行政机关、行政机关授权的单位、司法机关列入信用不良单位；

11.1.5　一方被政府部门认定取消经营主体资格；

11.1.6　本协议签署后发生重大不利影响事件导致一方无法开展本协议项下绿色电力交易的；

11.1.7　一方发生第十章描述的根本违约事件；

11.1.8　发生第 12.5 条所述不可抗力造成的协议解除。

11.2　如甲乙一方根据本协议相关约定解除或终止本协议，另一方将不再受本协议条款和条件约束，但以下情形除外：

11.2.1　本协议解除或终止前双方已经产生的任何权利和义务；

11.2.2　本协议中有关解除、争议解决和保密的条款在本协议解除后仍然有效；

11.2.3　未尽事宜，由双方协商签订补充协议。补充协议与本协议具有同等

法律效力。

第十二章　不　可　抗　力

12.1　若不可抗力的发生完全或部分地妨碍协议甲乙一方履行本协议项下的任何义务，则受不可抗力影响的一方可暂停履行其义务，但前提是：

12.1.1　暂停履行的范围和时间不超过消除不可抗力影响的合理需要；

12.1.2　受不可抗力影响的一方应继续履行本协议项下未受不可抗力影响的其他义务，包括所有到期付款的义务；

12.1.3　一旦不可抗力结束，受不可抗力影响的一方应尽快恢复履行本协议。

12.2　若甲乙一方因不可抗力而不能履行本协议，则受不可抗力影响的一方应在不可抗力发生之日（如遇通信中断，则自通信恢复之日）起 7 个工作日内书面通知协议其他方。该通知书应说明不可抗力的发生日期和预计持续的时间、事件性质、对受不可抗力影响的一方履行本协议的影响及受不可抗力影响的一方为减少不可抗力影响所采取的措施。

受不可抗力影响的一方应在不可抗力发生之日（如遇通信中断，则自通信恢复之日）起 15 个工作日内向协议其他方提供一份由不可抗力发生地公证机构出具的证明文件。

12.3　受不可抗力影响的甲乙一方应采取合理的措施，以减少因不可抗力给协议其他方带来的损失。双方应及时协商制定并实施补救计划及合理的替代措施以减少或消除不可抗力的影响。

若受不可抗力影响的一方未能尽其努力采取合理措施减少不可抗力的影响，则该方应承担由此扩大的损失。

12.4　若发生不可抗力，甲乙双方首先应尽量调整余下的生产计划，尽可能使结算电量接近成交电量。

12.5　不可抗力造成的协议解除

12.5.1　不可抗力导致无法履行协议义务持续超过___天（如：180 天），甲乙双方中非受不可抗力影响一方可以提前___天（如：12 天）书面通知受不可抗力影响一方终止本协议，且无需承担任何违约责任。双方可协商决定继续履行本协议的条件或解除本协议；

12.5.2 不可抗力发生之日起（如遇通信中断，则自通信恢复之日）___日内（如：45 日），甲乙双方不能就继续履行协议的条件或解除本协议达成一致意见，则按照第 14.2 条所述处理。

第十三章 免 责 事 件

13.1 如果由于法律、法规、国家政策及市场规则等相关规定变更，导致一方无法按照本协议完全或部分开展相关绿色电力交易，可以免责，且无须向相关方承担任何违约责任或支付任何补偿。

13.2 若非协议各方原因，一方（即免责事件声明方）运营受限，进而导致其无法按照本协议完全或部分开展相关绿色电力交易，免责事件声明方可在免责事件发生的期间和影响的范围内免除履行其本协议下的义务，且无须向相关方承担任何违约责任或支付任何补偿。

13.3 在发生免责事件时，免责事件声明方应尽快通知相关方，并采取合理措施减少影响，否则需对扩大部分的损失，承担责任。免责事件的影响结束后，免责事件声明方应在合理可行的情况下，尽快恢复履行其协议约定的义务。

第十四章 争 议 的 解 决

14.1 本协议适用中国法律，并依据中国法律进行解释。

14.2 因执行本协议所发生的与本协议有关的一切争议，双方应协商解决。若双方未能协商解决，按以下第___种方式处理：

（1）仲裁：提交___仲裁委员会仲裁，仲裁裁决为终局结果，对各方均有约束力。

（2）诉讼：向___法院提起诉讼。

第十五章 其 他

15.1 保密条款

合同各方均应保证其从其他方取得的所有无法自公开渠道获得的资料和文

件（包括财务、技术等内容）予以保密。未经该资料和文件的原提供方同意，其他方不得向任何第三方透露该资料和文件的全部或任何部分，但按照法律、法规规定可做出披露的情况除外。

15.2　本协议自各方法定代表人（负责人）或其授权代表签署并加盖各方公章或合同专用章之日起生效。协议签订日期以各方中最后一方签署并加盖公章或合同专用章的日期为准。

15.3　本协议正本一式__份，甲方执__份，乙方执__份，根据需求报送政府主管部门、监管机构、电力交易机构（若本协议包含丙方，则正本一式__份，除上述份数外，丙方执__份），具有同等法律效力。

（此页无正文）

甲　方：

签订日期：年　月　日

乙　方：

签订日期：年　月　日

丙　方：（如不涉及，请在空白处划"/"）

签订日期：年　月　日

参 考 文 献

［1］ 谢开，张显，张圣楠，等. 区块链技术在电力交易中的应用与展望［J］. 电力系统自动化，2020，44（19）：19－28.

［2］ 张显，王彩霞，谢开，等. "双碳"目标下中国绿色电力市场建设关键问题［J］. 电力系统自动化，2024，48（04）：25－33.

［3］ 张显，冯景丽，常新，等. 基于区块链技术的绿色电力交易系统设计及应用［J］. 电力系统自动化，2022，46（09）：1－10.

［4］ 王彩霞，吴思，时智勇. 绿色电力消费认证国际实践与启示［J］. 中国电力，2025，58（05）：43－51.

［5］ 李达，余涛，石竹玉，等. 可监管的绿色电力消费评价技术研究［J］. 全球能源互联网，2025，8（02）：250－259.

［6］ 朱发根. 绿色电力证书：国际经验、国内前景和发电对策［J］. 中国电力企业管理，2018（16）：64－69.

［7］ 时璟丽. 国际可再生能源参与电力市场配套支持机制及对我国的启示［J］. 中国能源，2021，43（3）：55－58.

［8］ The importance of REC tracking systems ［EB/OL］. ［2023－08－05］. https://www.oneenergyrenewables.com/news/the-importance-of-rec-tracking-systems.

［9］ Renewable energy certificate (REC) tracking systems costs & verification issues ［EB/OL］. ［2023－08－05］. https://www.nrel.gov/docs/fy14osti/60640.pdf.

［10］ Renewable energy certificate tracking systems ［EB/OL］. ［2023－08－05］. https://www.epa.gov/sites/default/files/2016-01/documents/webinar_20150430_martin.pdf.

［11］ 时璟丽. 对比和启示：欧洲、美国和中国三国绿证机制的优劣［J］. 能源，2019（11）：37－40.

［12］ CBAM regulation in the official journal of the EU ［EB/OL］. ［2023－08－05］. https://eur-lex.europa.eu/legal-content/EN/TXT/PDF/?uri=OJ:L:2023:130:FULL.

［13］ CBAM implementing regulation for the transitional phase ［EB/OL］. ［2023－08－05］.

［14］ Pexapark. European PPA Market Outlook 2024 ［R/OL］. ［2024－02－01］. https://pexapark.

com/european-ppa-market/.

[15] 张铮. 国际经验对中国绿证国际化的启示 [J]. 中国电力企业管理, 2023 (25): 68-71.

[16] EPA's green power partnership requirement [EB/OL]. [2023-08-05]. https://www.epa. gov/sites/default/files/2016-01/documents/gpp_partnership_reqs.pdf. https://eur-lex.europa. eu/legal-content/EN/TXT/PDF/?uri=CELEX:32023R1773.

[17] What the heck is a REC [EB/OL]. [2023-08-05]. http://localcleanenergy.org/files/ What%20the%20Heck%20is%20a%20REC.pdf.

[18] 王心昊, 蒋艺璇, 陈启鑫, 等. 可交易减排价值权证比较分析和衔接机制研究 [J]. 电网技术, 2023, 47 (2): 594-603.

[19] 尚楠, 陈政, 冷媛. 电碳市场背景下典型环境权益产品衔接互认机制及关键技术 [J/OL]. 中国电机工程学报: 1-19 [2023-03-07].

[20] 黎灿兵, 康重庆, 夏清, 等. 区域电力市场交易机制的研究 [J]. 电网技术, 2004, 28 (7): 34-39.

[21] 尚金成, 张兆峰, 韩刚. 区域共同电力市场交易机理与交易模型的研究 [J]. 电力系统自动化, 2005, 29 (4): 6-13.

[22] 程海花, 杨辰星, 刘硕, 等. 基于路径组合计及 ATC 的省间中长期交易优化出清和系统研发 [J]. 电网技术, 2022, 46 (12): 4762-4774.

[23] 吴清, 贾乾罡, 严正, 等. 考虑主体信用的配电网分布式绿电交易方法 [J/OL]. 上海交通大学学报: 1-16 [2023-03-15].

[24] 马瑾, 马少清, 马睿. 基于源网荷储协调优化的主动配电网运行 [J]. 自动化应用, 2023, 64 (5): 208-211.

[25] 刘晓宇, 王斌. 基于源网荷储优化的电力系统协同控制方法 [J]. 电气自动化, 2021, 43 (5): 45-47.

[26] 李再忠, 潘明杰, 赵承汉. 源网荷储多元协同互动背景下的现货电力市场运营评价方法 [J]. 电气自动化, 2023, 45 (1): 69-71.

[27] 谢国辉, 李琼慧, 王乾坤, 等. 可再生能源配额制的国外实践及相关启示 [J]. 能源技术经济, 2012, 24 (7): 19-22.

[28] 安学娜, 张少华, 李雪. 考虑绿色证书交易的寡头电力市场均衡分析 [J]. 电力系统自动化, 2017, 41 (9): 84-89.

[29] ZHAO X G, REN L Z, ZHANG Y Z, et al. Evolutionary game analysis on the behavior

strategies of power producers in renewable portfolio standard［J］. Energy, 2018, 162: 505 – 516.

［30］ GUO H Y, CHEN Q X, XIA Q, et al. Modeling strategic behaviors of renewable energy with joint consideration on energy and tradable green certificate markets ［J］. IEEE Transactions on Power Systems, 2020, 35(3): 1898 – 1910.

［31］ 周汝鑫，赵勇，胡斐，等. 基于改进用电碳计量的绿电市场 – 碳市场联动交易［J/OL］. 电力系统及其自动化学报：1 – 10［2023 – 06 – 30］.

［32］ 别佩，林少华，王宁，等. 基于电力潮流追踪与绿色电力交易的企业用电侧碳排放因子核算［J］. 南方电网技术，2023，17（6）：34 – 43.

［33］ RE 100 technical criteria［EB/OL］.［2023 – 08 – 05］. https://www.there100.org/sites/re100/files/2022-12/Dec%2012%20-%20RE100%20technical%20criteria%20%2B%20appendices.pdf.